学問の発見

数学者が語る「考えること・学ぶこと」

広中平祐　著

ブルーバックス

装幀／芦澤泰偉・児崎雅淑
本文デザイン／齋藤ひさの（STUDIO BEAT）
本文図版／さくら工芸社
写真提供／広中平祐
JASRAC　出1807013-804

ブルーバックスのための序文

クリエイティブな新しい発想をするためには、どのように勉強をすればいいのか。どのような態度で学問に向き合えばいいのか。

この質問に対する私の答えは、「まずは自分で考えてみること」である。

私の場合は、ハーバード大学に留学してザリスキー教授のもとで学んだ時にその態度を身につけたように思う。私と一緒に指導を受けていた二人の同級生、イギリス出身のD・マンフォードやドイツ出身のM・アルティン、さらに後から入ってきた米国生まれのS・クライマン。性格や視点は違うが、それぞれいいセンスを持っている彼らと数学の議論をくりかえす中で、まずは自分で考えてみるという態度が身についたのである。

かつてのトーマス・エジソンの研究所には貼り紙があって、「人間には悪い性格がある。考えないで済む方法がないかと一生懸命に考える」と書いてあった。研究の途中で、わからないことがあったり必要なことがあると、解決方法がどこかの書物に書いてあるのではないかと探す。なかなか見つからないと次から次へと本を探し、一日時間をつぶしてしまうことがある。この貼り紙は、そのような研究態度を戒める言葉だった。

書いてある本を探すのではなくて、まずは自分で考えるのだ。自分で考えれば何か方法を思いつくかもしれない。その方法はどの本にも書かれていない新しい方法かもしれない。そのほうが、クリエイティブな作業としてはおもしろいのだ。

学んで知識をためることは大切なことだが、それは常識的なレベルの話で、人がびっくりするような発想、たとえば若き数学者のガロアが思いついた発想などは、学んだ知識だけからでは見つからないのだ。知識をためる方法では、新しいものを発見できない。少なくとも、クリエイティブになれない可能性があるということだ。

「考えることが無駄だ」と考えることが無駄だともいえる。

めんどくさいけど、まずは考えてみよう。ひょっとしたら何か発見するかもしれない。新しい方法があるかもしれないのだ。まずは自分で考えるという態度やくせをつけることが、クリエイティブな作業をするためにはいい。さらにいうと、そのような種類の人間がたくさんいる環境に入って作業してみるといいのだ。

もう少し別ないい方をすると、新しいものを発見する一番いい方法は、わかっていない人に、わからせようとすることである。わからせようと説明していく中で、新たなことに気づくのだ。これが専門家同士で話しているとお互いがわかっているから、知識があたりまえになっている。わからない人の視点や質問から、いままで思い込んでいた発想ではなく新たな発想が生まれる可能性があるのだ。

この『学問の発見』は30年以上前に刊行された本で、五十代までの私の経験の中から「考えること・学ぶこと」のすばらしさや大切さを書いたものである。

いま、ふたたび、若い読者の人たちに、私の人生・学問論の一つでも、生きていく上の参考になれば、この本を書いた意義も生まれてこようというものである。

二〇一八年七月

広中平祐

人生には 高い山に登るような
気分の時も 何度かある
山は高いほど遠くから眺めて
美しい 憧れる
しかし 登り始めると坂道あり
岩場あり 息苦しくもなる

だから　休む時もあって良い
元気を取りもどせば良いのだ
しかし頑張って頂点に達すれば
急に視界が広がって見渡せる
途中の苦労は無かったように
気力はよみがえり　気分は晴れ上る

はじめに（一九八二年の初刊行時）

最近、私は、若い人からよくこんな質問を受けることがある。この間も、あるテレビ番組で、このような質問を受けた。

「学校で、いろいろなことを勉強するが、いったいその何パーセントが、将来の自分の職業や人生に役立つんでしょうか」

一言で答えるには、難しい質問である。確かに、実社会で立派に活躍している人でも、中学・高校で学んだことを現時点でテストしたら、少なくとも現実の仕事と関係のない科目では、できのよい今の中学・高校生以下の成績に終わるのがオチだろう。習ったことのかすかな記憶はあっても、ほとんどのことは忘れていて、解答をだすことは容易ではない。

多くの人の体験でいえば、学校生活のそうした記憶は勉強内容よりも、あの先生にこういう風にほめられたとか、叱られたとか、因数分解は忘れたけれども、因数分解を習っている時には苦労したとか、課外活動やスポーツでの愉《たの》しさとか、そういったことが一番印象に残っているのである。

では、なぜ人は学ぶのか。

人間の頭脳は、過去の出来事や過去に得た知識を、きれいさっぱり忘れてしまうようにできている。もっと正確にいえば、人間の脳は記憶したことをほんのわずかしか取り出せないようにできているのだ。それなのに、なぜ人は苦労して学び、知識を得ようとするのか。私は、それに対して、「知恵」を身につけるためだ、と答えることにしている。学ぶという中には知恵という、目に見えないが生きていく上に非常に大切なものがつくられていくと思うのである。この知恵がつくられる限り、学んだことを忘れることは人間の非とならないのである。例えば、忘れたことをもう一度必要にせまられて取り戻そうとする時、一度も勉強したことのない、全然聞いたことも経験したこともない人と違って、最低、心の準備ぐらいはできるし、時間をかければさほど苦労しなくてもそのことを理解できることだってある。

知恵には、そういう側面がある。私はそれを知恵の「広さ」と呼んでいる。さらに、その「知恵」には、ものごとを深く見つめる「深さ」という側面がある。そして、ものごとの決断力を促す「強さ」という側面もある。

人は、なぜ、ものを学ばなければならないのかという問いに対して、私は、そういった「知恵」を身につけるためだということを解答にしている。

私は、本書で学問の愉しさ、喜びを語ろうとしている。

本来、学問や勉強という言葉には、〝受験勉強〟という言葉に代表されるように、苦痛をともなう退屈なものというイメージがある。ましてや私の専門は数学という学問である。学問の愉しさなどとはまったく縁遠い存在だと見られがちである。

それでも私は、学問は愉しいもの、喜びを味わうものだと語りたい。なぜか。それは学ぶこと、考えること、創造することの愉しさ、喜びを味わうことができるからだ。学ぶこと、それは愉しい。前述した「知恵」を身につけるためにも、それは愉しいことである。そして、考えることは、さらに愉しい。人生上、難問題にぶつかった時に深く考えなければならないことは、確かに大変な苦痛をともなう。でも、全般的な意味でいえば、愉しいものだといわざるをえない。

そして、ものを創造すること。私は、常々、「創造のある人生こそ最高の人生である」といっている。「創造」とは何かという問いもまたむずかしい。だが、この創造することは決して学者や芸術家の専売特許ではない。われわれの日常生活の中で、たえず積み重ねられなければならないものであると考えている。

創造することの愉しさ、喜び――それは、おそらく自己の中に眠っていた、まったく気づかなかった才能、資質を掘り当てる喜び、自分という人間をより深く認識理解する喜びではないか、と思う。

私は、この本の中で、自分の人生を赤裸々に語ったつもりでいる。私はまだ数学者として〝現役〟で、自分の学問に頭を痛めている段階だ。本来ならば、自分の人生をふり返って語るには、時機尚早だと思っている。

でも、私は編集部の求めに応じて語ってしまった。

五十年を越える私の人生の中で、数学という学問へのかかわりはその半分を越えてしまった。だから、私の人生論はすなわち学問論だともいえる。とはいっても、なるべく、専門的な部分はさけて、一般的な話を織り込んだつもりでいる。

若い読者の人たちに、恥ずかしながら語った私の人生・学問論の一つでも、生きていく上の参考になれば、この本を書いた意義も生まれてこようというものである。

一九八二年初秋　　広中平祐

学問の発見◉もくじ

第2章

創造への旅　79

第3章

チャレンジする精神 149

第4章 自己の発見 195

本書は、１９８２年10月に刊行された『学問の発見』（佼成出版社）を、写真等の一部を変更したものです。

本文の（　）内の註の肩書は、初刊行時のものです。

第1章

生きること　学ぶこと

創造の発見

人は、自分の人生を歩む中でさまざまな「夢」を抱くものである。

生まれてこのかた、およそ夢らしきものを人生に抱いたことはない、と首を横に振ってみせる人でも実は、現実に夢多き人生を送っている人と比べて、優るとも劣らないほどの夢を抱いたことがあるに違いないのだ。ただ、それらの夢が時の流れの中に捨てられて、すくい上げられないままに消えていってしまったということにすぎないのである。

夢には、ささやかな夢もあれば、「大望《たいもう》」という言葉に置きかえられる、胸がはちきれんばかりの大きな夢もある。歳月を経てもなお色褪《あ》せず、はぐくまれていくこともあれば、見果てぬうちに、年とともにうたかたのように消えてしまうこともある。

夢にはまた、すぐにも現実の中で実現できそうなものがあるかと思うと、一方で、いかに時間と労力を費やしたところで結局は夢のままで終わるだろうと思われる、現実離れした途方もない夢もある。

しかし、夢とは、不可思議なものである。実現は不可能と見極めをつけたそういう夢でも、それを胸に抱き続けているだけで、その人が生きる力を与えられ、あるいは、心豊かになることがある。

私も、若い時期にそういう夢を抱いたことがある。

今から三十年前といえば大学三年生の時だが、その頃私は、自分の天職と心に決めていた数学の中で、「代数幾何」という学問分野にひとしお興味を覚え、かなり熱をあげて勉強していた。

代数幾何という学問は、およそ百年前に主にイタリアを中心として発生した学問だから、歴史は浅い。だが、その源《みなもと》は古く、フランスの哲学者であり、物理学者、数学者でもあったデカルト（一五九六～一六五〇。解析幾何学の創始者）にまで遡《さかのぼ》るのである。すなわちデカルトは、X座標、Y座標といった座標軸を考え出したが、これによって、さまざまな図形は代数の方程式に変換できるようになり、また、その座標系の発展にともなって、今度は逆に、複雑な方程式から図形がつくられることになったのである。その代数方程式によってつくられた、つまり、定義された図形（これを「代数的多様体」という）の構造を解き明かすことを目的として生まれ発展してきたのが、この代数幾何学である。

もっと専門的にいえば、代数幾何学というのは、有限個の変数x_1, x_2……x_nの有限個の多項式からなる連立方程式$f_1(x)=f_2(x)=$……$f_n(x)=0$を研究する学問、ということになる。

私はもともと幾何学が好きだったが、当時この代数幾何の勉強を意欲的に行なっていた京都大学のセミナーに出ているうちに、幾何にはない、代数にもない面白さを感じたのである。

代数幾何学とは

有限個の変数　x_1, x_2, …, x_n の有限個の多項式からなる連立方程式

$$f_1(x) = f_2(x) = \cdots = f_n(x) = 0$$

を研究する学問

◉代数幾何学とは

ある時、そのセミナーで、代数幾何学上の未解決のテーマが紹介されたのである。次のような問題であった。

例えで、問題の概略を説明しよう。遊園地の乗り物にジェット・コースターと呼ばれるものがある。そのジェット・コースターが、今、うららかな春の陽光を浴びている光景を目に浮かべていただきたい。

乗った経験がある人はおわかりであろうが、ジェット・コースターの軌道はまことに巧みにできている。軌道は力学的に計算されたなめらかな曲線を描いているし、だからこそ、車体が急速に降下するたびに乗客は悲鳴ともつかぬ歓声を上げこそすれ、まず身の安全は保障されているのである。

ところが、そのジェット・コースターの軌道

が地上に落とした影を見ると、そこに極めて複雑な図形が描き出されていることが見てとれる。物体の影というものは総じて複雑に見えるものだが、ジェット・コースターの軌道の影も、線と線とがさまざまに交差し合い、ある部分では、とがったような形になっているに違いない。実際、その軌道の影だけを見ていたら、歓声が上がるたびに思わずヒヤリとさせられるような、それはひどく剣呑《けんのん》な図形なのである。

図形の中のこのような線と線とが交差した点、あるいはとがった点を、代数幾何学では、「特《とく》異点《いてん》」と名づけている。

この「特異点」は、代数の方程式からつくられた図形の多くに生じるのだが、このことは数学の実用的側面から見れば、はなはだ不都合で、やっかいなのである。

では、この特異点をなくすにはどうしたらいいか。どのような定理を使えば、特異点のある図形を、特異点のない図形に変換できるのか。

それが、大学のセミナーで紹介されたテーマであった。「特異点解消」と呼ばれる問題である。

当時の世界の数学界には、特異点解消の理論がまったく出されていなかったわけではない。特異点はあらゆる次元の図形に発生するが、すでに三次元の図形に生じる特異点まで、解消の理論が創られていたのである。

だが、定理と名づけられるまでの理論には至っていなかった。定理を見つけるのは、はるかに疑われる遠い将来のことだろうと思われていた。否、そのような定理が実際あるのかどうかさえ、疑われていたのである。なぜなら、その三次元の特異点解消の理論にしてからが、難解なことこのうえなく、無理なところを力でねじ伏せたような、ギクシャクとした印象を与える理論だったからである。

三次元でさえそうなのだから、四次元以上は、これはもう手がつけられないだろうというのが、セミナーに参加していた私たちの共通の感想であり、世界の数学者たちの率直な感想でもあったと思う。誰も解いたことのない問題、解けない問題だったのである。

特異点解消の定理とは、少し神秘的ないい方をすると、物体の本質とその影との関係を解き明かしたものだといえる。

ジェット・コースターの軌道の例でいえば、特異点のないジェット・コースターの軌道の本質と、特異点のあるジェット・コースターの軌道の影との関係を証明するものでなければならない。そのような定理が見つかれば、すべての影は本質に帰し、特異点は余すところなく解消されるはずなのである。

そこで、私が当時抱いた夢の話になる。

私はまだ数学の技術も十分に修得できていたとはいえなかったし、といって特別の才能をもち合わせていたわけでもなかったから、この問題を解いてやろうなどという大それた野望はまったくなかった。私がいかに時間を費やし、もてる能力の限りを尽くしてみたところで、所詮は徒労に終わるだろうと見極めをつけていたのも事実である。

だが一方で、私はこの問題にかなり魅せられていた。それは、まだ見たこともない、否、所詮出会うこともない美しい女性に恋をするのと、多分同じような感情であったかと思う。なぜ魅力を感じたのか。それを語ると、「何と、大それたことを……」と、人から思われてしまうかもしれない。

私は、物体の本質と、その影との関係は、仏教の言葉を借りれば、「仏のいます世界と、人の世との関係に似ているのではないか」こう思っていたのである。

今でもそうだが、私は宗教、特に仏教の知識をあまりもち合わせていない。仏教といえば、小さい頃父親の命ずるままに従って毎朝仏壇に向かって手を合わせていたことぐらいで、仏典や一般の仏教書をそれほど読んだわけでもなかった。そんな私が、特異点解消という問題を知った時、そのような連想を働かせたというのも、今にして思えば奇妙な話だが、ともかくも私がこの問題に心惹かれたのは、仏の世界と現世との関係に類似するものを感じたからだった。

人間は現世において、さまざまな煩悩《ぼんのう》に引きずられ、弄《もてあそ》ばれ、さいなまれながら生きている。煩悩とは何か。仏教でいうこの言葉の真意のほどはわからないが、それは人を迷わせ、悩み苦しませる、いいかえれば理不尽な目にあわせる欲情、あるいは妄念のようなものであろう。百八回鳴る除夜の鐘は人間の「百八煩悩」を除く意をこめているといわれ、また「八万四千の煩悩」という言葉もあるが、ことほどさように、人は数多くの煩悩を生まれながらもたされ、そしてその煩悩ゆえに迷ったり、悩んだり、苦しんだり、また、過ちを犯してしまうもののようだ。

それが現世というものであろう。万人の心身にひそんでいるこの煩悩のために、人みな理不尽な、不条理な目にあわなければならないようにできているのが、人の世というものであろう。

仏の世界は、どうか。仏の世界においては、この煩悩が残らず解消されている。そして、その仏の世界から現世をみると、あらゆる不条理な現象が、不条理と見えないのではないか。一つの高遠な因果律に法《のっと》った現象であるにすぎないのではないか。

私はこう思った。物体の影に生じる特異点は、実は仏の世界の影である現世の無数の煩悩のようなものではないか。その特異点を解消することは、大げさにいえば、煩悩を解消し仏の次元に至って、影を支配している因果律を見つけるようなものではないか、と。

若い読者の諸君には、抽象的な例でわかりにくい点もあるだろうが、ともかく当時の私は、数学上のこのテーマをそんな大問題にまで敷衍《ふえん》して眺めていたのだ。

この私が、現代の代数幾何学の大命題とまでいわれた問題を解けないのは決まっている。だが、誰かがこれを解いたら、素晴らしい業績として四千年にものぼる数学史上に残るだろう。私には実現できない夢であったが、それでもなお私の胸をときめかせ、心を豊かなものにしてくれたのである。

それから十年の歳月を経る。

結局、私はその夢を実現することができたのである。一九六二年に完成し、一九六四年、米国の『*Annals of Mathematics*』という数学専門誌に発表した「標数0の体の上の代数多様体における特異点の解消」という論文がそれであり、この「特異点解消の定理」は、二十世紀の数学が生んだ定理の一つとして、その幅広い応用も含めてそれ相応の評価を受けている。

だが、後に詳述するが、私はその間、特異点解消一筋に仕事をしてきたわけではない。そもそも私に解けるなどとは思ってもみなかった問題だったのだが、ある時点で、自分が学んだこと、仕事をしたことすべてが、忽然として特異点解消に向かって収束していったというのが、いつわらぬところなのである。結果的にいえば、学生の頃に抱いた夢に、目に見えない形で引きずられながら、私は数学という学問の世界に生きてきたことになる。

ともあれ、特異点解消の定理は、一数学者として私が今日まで創り上げてきた研究テーマの中で、代表作といえるものである。

この著書で、私は私自身の人生を語ろうと思う。

五十年を越える私の人生の大半が数学という学問とかかわってきた。だとすれば、私が語ろうとする人生は、おのずから数学という学問論でもある。学問論などというと、いささか堅苦しい感じだが、この「特異点解消」の研究を一つの頂点とする私の学問・人生をふり返って、「ものを学ぶこと」「ものを創造すること」について、私が知り得たことを語りたいと思う。

最近、私は若い人に向かって話す時、必ずこういう。

「創造のある人生こそ最高の人生である」と。では、創造とは何か。創造に大切なことは何か。創造は何から生まれるのか。創造の喜びとは何か——。

それらは「恋愛の喜びとは何か」と問われるのと同じように、難解な問いである。だが、私は思うのだ。おそらく創造の喜びの一つは、自己の中に眠っていた、まったく気づかなかった才能や資質を掘り当てる喜び、つまり新たな自己を発見し、ひいては自分という人間をより深く理解する喜びではないか、と——。

この著書を、『学問の発見』と題したのはそういうことであるが、私はまず、「学ぶ」ということについて、触れておく必要を覚える。なぜなら、天才ではない私のような人間がものを創れるようになるまでには、それ以前に学びの段階を経なければならなかったからだ。

創る前には、まず学ばなければならない。これは学問の世界に限ったことではなかろう。

私は、何を、どのようにして学んだか、それを語りたい。

人生の師

天才も二十過《はたち》ぎればただの人——という言葉がある。確かに少年時代、青年時代に天才の誉《ほま》れ高かった人が成長してから並の人間になった例は、過去にもずいぶんあったようだ。だが、例えば、ドイツの数学者ガウス（一七七七〜一八五五）のように、少年の頃に天賦《てんぷ》の才をあらわし、天才のますますくすくと成長し、純粋数学、応用数学そのほかの学問の分野にはかりしれない偉大な業績を残した人間も、また少なくないのである。

数学という学問の世界に三十年あまり生きてきた私も、ガウスのような息の長い天才に幾度か会った。そして、そのたびに、神さまはどうしてこうもいたずらが好きなのだろうと、ため息をついたりした。才能を平等に万人に与えなかったのは、神のいたずらといっては悪いだろうか。

つくづく世界は広いと感じる。私は二十六歳で、米国のマサチューセッツ州ケンブリッジにあるハーバード大学に留学してから今日まで、世界のあちこちで、おおげさではなく思わず寒気さえ覚えたほどの天才を何人か、この目にした。

「フィールズ賞」というのは、カナダの数学者フィールズ氏の遺志によって設けられたもので、数学の世界で画期的な業績をあげた学者に四年に一度与えられる、斯界《しかい》では最も名誉とされる賞である。この賞はノーベル賞に数学部門がないため、数学界のノーベル賞ともいわれる賞であるが、驚いたことに、弱冠二十八歳でこれを受賞した人が世界にはいるのだ。私も一九七〇年に運よく受賞したが、当時三十九歳。この賞には四十歳未満の人に限るという年齢制限があるから、私の受賞年齢は最年長ということになる。

余談だが、ハーバード大学で博士号をとった時も、同じ年に誕生した博士の中で私は最も年嵩《としかさ》だった。中には、私より七つ年下の二十二歳の取得者がいたし、そのため私は授与式の会場の隅で小さくならざるを得なかった。この大学の博士号をとった人の中には、これまでに十八歳の若者もいる。広いこの世界には、天才がひしめきあっているのだ。

ところで、そうした天才の生きざまは、ごく平凡な常識的なレベルの人間とはまったく無縁であり、何一つ教わるところがないかというと、私はそうは思わない。例えば、ニュートン（一六四三〜一七二七。イギリスの数学者、物理学者）やアインシュタイン（一八七九〜一九五五。二十世紀最大の理論物理学者。一九二一年にノーベル物理学賞受賞）の伝記を読む。彼らの才能の偉大さはことわるまでもないが、やはりそこには、凡夫の人生にも糧《かて》となる英知がちりばめられている。それを汲《く》み、自分の人生に生かすことは、必ずしも不可能ではないのである。

私もまた、書物を介して天才、偉人の人生を垣間みて、少なからず学ぶところがあった。だが私はそれよりも、過去五十一年、日常生活の中で出会ったさまざまな無名の人間から、生きる姿勢といったものを、より多く学んだように思う。私の〝人生の師〟は、身近な人間であることが多かったように思う。

書物によって偉人の人生に触れることは、若者にとってもちろん大切なことだ。しかし、現実の身近にいる人間、親や友人などにも、かけがえのない〝人生の師〟がいることも忘れてはならない。そのために、私の身近な人間のことを書きつづっていかねばならない。

父に学ぶ

成長しない前の一人の人間にとって、最も身近で具体的な大人のモデルは親である。親を尊敬していようとしていまいと、その事実を否定することは誰にもできない。

子供にとって、最も身近にいるその親には、非常におおざっぱな分け方だが、二つのタイプがあると思う。一つは、我が子から尊敬される親になりたいために、常に自分の非は見せず、いいところだけを見せようとする親。もう一つのタイプは、あるがままの姿をさらす親である。こうした親は、子供の前で、自分の短所も長所も匿《かく》そうとしないのはもちろん、苦しい時は苦しい顔をし、悩みごとがあれば子供にもそれを打ち明け、くたびれた時はだらしない恰好を子供の眼の前にさらすことがある。

では、どちらの親が子供にとって人生のよき見本であるかというと、少なくとも私は、後者、つまり、あるがままの姿を子に見せる親こそ、より多くのことを子供に教えるのではないかと思う。

私の親がそうであった。今ふり返って私は、親から自分の人生を支えてきた、何ものにも代えがたい大事なことを、学びとっていたことに気づくのである。

私の父、広中泰輔は、山口県の東のはずれにある玖珂《くが》郡の由宇《ゆう》町（現・岩国市）というところで、商《あきな》いをしていた。私が生まれ育った由宇町は温暖な瀬戸内海にのぞむ海辺の小さな町である。父はこの町で織物問屋を営み、工場ももっていた。その頃田舎では高等教育とされていた中学（旧制）に進む志《こころざし》はあったのだが、十三歳の時に父（私の祖父）に先立たれ、母親を扶養するために、父は奉公に出て、商人として成功したのであった。

奉公人から、「旦那さん」と呼ばれるほどの財をなすまでに、父はそれなりに苦労をなめつくしたに違いない。だが、過ぎ去った過去の苦労話をするような父ではなかったので、私はほとんどその当時のことを知らないのである。

織物工場では、景気のいい時には五十人からの工員さんがフルタイムで働き、できた製品は台湾や大陸にも輸出されるほどであった。父はまた、三千五百坪ほどの農地を所有する「不在地主」でもあった。田舎町では「金持ち」の上に「大」がつけられる、そういう家が私の生家であった。

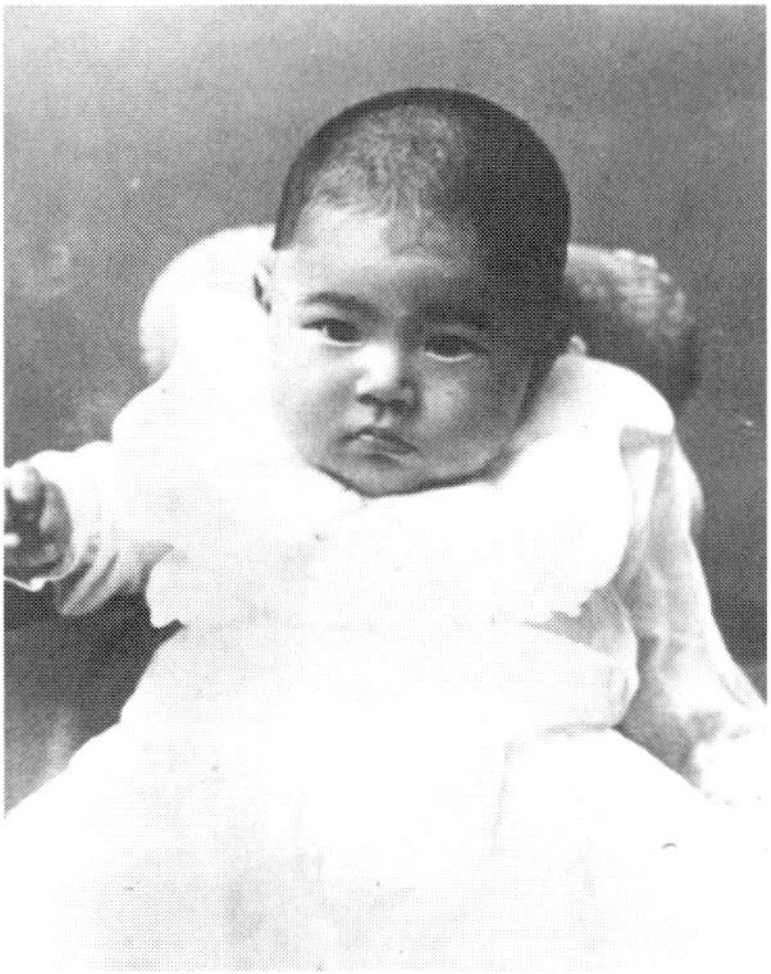

温暖な瀬戸内海にのぞむ町に生まれた（誕生百日目）

私は満州事変が起こった年（昭和六年）に生まれ、物質的には何不足ない幼少年時代を送った。これは余談だが、例えば当時、よほど富裕な家の子ではないと口にすることができなかった牛乳を、小学校（由宇国民学校、現在の由宇小学校）に通っていた私は、毎日昼休みに母に届けられて飲んでいた。家にはオルガンがあったが、これも当時、町で我が家だけしかもっていなかったと記憶している。そういう恵まれた暮らしぶりだった。

だが、終戦を迎えた頃から、我が家は急速に悲運に見舞われたのである。

まず、敗戦とともに、父が所有していた満鉄（南満州鉄道）と台湾製糖の大量の株が、反古《ほご》同然になってしまった。織物工場の経営も原料が入手できなくなったために、たちまち行き詰まってしまった。さらに転落への追いうちをかけたのは、昭和二十一年から施行された農地改革である。不在地主の父は、三千五百坪の農地を、ただ同然の三千五百円ほどで否応なく売却させられてしまった。その上に新円切り替えである。

父が営々と築きあげてきた財産は、こうして、まさしく泡沫《ほうまつ》のように消えてしまった。織物工場は早くに人手に渡り、建坪だけで百五十坪ほどあった家屋も、庭地も、莫大な財産税を納めるためと、戦後のインフレの嵐の中でまだ稼ぐことを知らぬ子供が十人もいた家族の全員がどうにか生存していくために、次々に切り売りされてしまった。今はわずかな土地と建物が残されるだけになっている。

誰の人生にも、生存をおびやかされるような、このような出来事がいつなんどき起こるかわかったものではない。生存をおびやかすのは、この場合のように、単に食べることの困難である時もあれば、きわめて精神的な深い懊悩《おうのう》である時もあるだろう。いずれにせよ、逆境というものが人間に襲いかかるのは、このように不意討ちである場合が多いのである。だが、本当に人間の真価が問われるのは、こうした逆境にある時、言葉をかえていえば、不遇の時代にどう対処したか

織物業を営んでいた終戦前の広中家（中央の学帽姿が著者）

である。古今東西で度量や器量をそなえた人間は、必ずといっていいほどの不遇な時代をもち、そのマイナスの時期をプラスに転じて、陽のあたる場所にでてくるのである。その頃の父は、まさにその不遇の時代だったのである。

だが、私の父は、たいしてあわてなかった。父は八方ふさがりのどん底に陥っても、父一流のやり方で対処した。行商をやり始めたのである。

父は、かつて身につけたことがない粗末な着物をきて、おかずもろくにない手弁当をさげ、毎日朝早く商品の織物を自転車の荷台に乗せて、近くの町や村を行商してまわることになった。昨日まで「旦那さん」と呼ばれていた人間が、家々の門口で頭を下げて安物の織物を売り歩くようになったのだから、父を知っている人にはずいぶん奇異な光景に映っただろう。

だが、父は平然としていた。以前とまったく変わらない、たえず「この俺を見ろ」といっているような、したたかな生きざまに満ちあふれた父であり続けた。強がりではなく、実際父はしたたかな生きざまをもっていたのである。行商人になろうと、その生きざまに対する自信を父から取り上げることは、誰にもできなかった。

いったい父のその自信は何だったのか。

それは、独力で稼ぐことほどこの世で尊くて強いものはないという、過去の人生で身につけた生活哲学からくる自信だったのではないかと、私は思う。

まだ、我が家が完全に転落する前のことだが、こんなことがあった。終戦直後の高校に入った頃、私はアルバイトで土木工事の仕事を手伝ったことがある。山の樹をどんどん伐採したため、大雨が降れば水があふれて、堤防が決壊する。その護岸の工事がたびたびあった。その工事を友だちと一緒に手伝った。家計を助けるためではない。家はまだ、売り食いでどうにかもちこたえていた頃のことだから、単に好奇心から働き出したのである。私は一ヵ月ほど大人に混じって働いたあと、給金を受け取った。たいした金額ではなかった。

ところが、そのお金を持ち帰った日の父の喜びようは、ひととおりのものではなかった。「これはお前が自分の手で稼いだ初めてのお金だ。こりゃあ素晴らしいことだ」といって、私の給金を仏壇に供えると、私を隣に座らせて、「さあ、拝め」と父はいった。その時の私は、〈せっかく稼いできたのに、わざわざそんなことをしなくても……〉という気持ちがあって、なぜ父が、そんなに仰々《ぎょうぎょう》しいことをしなければならないのか合点がいかなかった。だが今思うと、子供が自らの汗を流して、自分の力だけで初めて稼いだということが、父には拝むに値する尊い、記念すべき出来事だったと納得されるのである。

「生きる」ということは、自分で稼いで自分で食べていくことだ。誰にも頼らずに、自分一人の力で稼ぎ、食べるためにはなりふりなどかまっていられない。それこそが人間の値打ちであり強さなのだという人生への姿勢を、一家の生活危機に際して身をもって父は示したのだ。

私は、稼ぐこととは一見無縁にみえる学者として身を立て生きてきたが、父のそのような身の処し方を無意識のうちに学び、自分の人生にも生かしてきたように思う。

こういう風に語ると、当時の私が父をこよなく尊敬していた子供のように受けとられかねないが、必ずしもそうではない。軽蔑こそしなかったが、私を商人にしようとしていた父に反発を覚え、時には面と向かって衝突したこともある。

そういう子供だった私ですら、父からこのような精神的遺産を知らぬうちに受け継いでいるのだ。好むと好まざるとにかかわらず、親は子供にとって、いかなる教科書にも書かれていない生《なま》の人間の手本であり、その手本から、子供は無意識に人生観を学びとっていくようにできているのである。

ならば、最も身近な存在である親のあるがままの姿から、意識的、積極的に学ぶ態度でいる人には、その後の人生を支えていく、より多くのかけがえのないことが学べるはずである。

母の生き方

自分に厳しく他人にやさしい人間は、世の中、そういるものではない。自分に厳しければ他人に対しても厳しくなるのが尋常の人間だろうと思う。

私の父は自分に厳しい男だった。晩年になって父が私たち子供に見せてくれた〝家憲〟がある。二十歳の頃に父が作成し、ひそかに自分一人で守り続けてきた我が家の憲法には、

「慈善陰徳ヲ重ンズルコトヲ心掛クベシ」

「質素ヲ旨トシ勤倹ノ美徳ヲ発揮スルコトヲ専一トスベシ」

といったことが、何箇条かにわたってしたためられていた。

父が「旦那さん」と呼ばれていた大正十三年頃、町に教育費として一万円を寄附し、その利息で毎年三つの小学校の六年生五人に先生付き添いで「お伊勢参り」をさせる制度をつくったこと

がある。それも、「慈善陰徳ヲ」云々の条を実行したのであろうと、家憲を読んだ時、私はふと思いあたった。父は自分に対して厳しかったが、そういう人間の常として、他人にも終始厳しかったのである。

このことは私たち子供に対しても、同様だった。根っからの商人である父は、第一に、無駄遣いを厳しくいましめた。

例えば、ある時母が久しぶりにと菓子をたくさん買って来たことがあった。私たち子供は喜んだ。母が、「まずお父さん」といって菓子を差し出すと、父は、私たちが見ている前で、差し出された菓子を足で蹴とばし、「菓子を買う金があったら、米を買って子供に食べさせい！」と母をどなりつけた。当時、高校生の私の下には、八人の弟や妹がいた。その時、私は父が理不尽だと思い、母がかわいそうだと思った。

それから、父は、無駄なことに時を費やすことを認めなかった。父にとって無駄なことというのは、一言でいえば、利益を生まないことである。子供が受験のために勉強することも、そういう考えの父には無駄なことだったのである。「大学は、勉強しないで合格するような者だけが行く所だ」というのである。それゆえ私は小机をかかえて、父の目が届かないような場所、例えば押し入れなどで懐中電灯を頼りにノートをひろげなければならないこともあった。放課後、父に見つかると、「一緒に肥桶《こえたご》をかつげ」といわれ、畑に引っぱって行かされるからだ。そのほか礼儀作法の上でも、ことのほか厳しい父であった。

こういう父親をもった子供は、ともするとひねくれてしまうものである。現に、そういう実例は、しばしば見かけられることである。

しかし、私も兄弟姉妹も、どうにかひねくれずに成長できたのである。それは、子供たちに絶対服従を強い、常に君臨していたそういう厳しい父から、私たち子供をかばってくれた母がいたからだった。

『スポック博士の育児書』という超ベストセラーを書いた米国のスポック博士と対談した時、「子供の成長には絶対的味方になってくれる人が身近にいることが大切である」といわれた。私の母は、博士のいう「絶対的味方」だったのである。

こう語ると、私の母がいかにも子供を手塩にかけて育てたように受けとられかねないが、事実は逆だった。つまり、今日的な表現を使えば、「自由放任」が母の子育てを貫いた姿勢だった。

確固とした教育理念があって母はそういう姿勢をとっていたのではない。必然的に子供を放ったらかしにしなければならない事情があったのである。

私の母、広中マツエと父は、互いに再婚同士で結ばれた。双方ともに配偶者を亡くし、父の亡妻の妹にあたる母が、広中家に嫁いできたのである。その時の母には生まれたばかりの男の子がいたし、広中家にも男の子二人を含む四人の子供がいたから、母は嫁入りすると同時に、五人の

「絶対的味方」だった母親（左端）に抱かれて

子持ちになった。それから夫婦の間にできた子供は十人、しめて十五人の子供の母親になったわけである。

子だくさんの家が珍しくない時代だったが、十五人というのは当時でも、とびきり多いほうの部類に属しただろう。

母の労苦がなまなかのものでなかったのはいうまでもない。まだ家が傾く前には番頭さんが二、三人、お手伝いさんが三人ほどいたので、家事、育児の面倒は楽な様子だったが、その人たちがいなくなってからは大変だった。

こうなると、十五人の子供を一人ひとり手塩にかけて育てるという教育は、現実として不可能であり、いきおい、母は自由放任にならざるを得なかったのである。

しつけもそれほどうるさくなく、また、子供がやりたいこと、なりたいと思うことに対しても、終始「いいよ」と賛成してくれる母親だった。だが、そのような母にも、子育てに対して、一定の枠を設けているところがあったのである。つまり彼女は、百パーセントの自由放任主義者ではなかった。

彼女がつくっていたその枠とは、いかなることがあろうと最悪の事態だけは避けなければならないということだ。最悪の事態。例えば、我が子が死ぬことは母にとってその最たるものだった。

十五人の子供のうち、私の兄の一人はニューギニアで、もう一人は中国で、いずれも二十二、三歳の若さで戦死した。しかし、残る十三人は今に至るまで健在である（私は十五人のうちの七番目の四男。再婚した夫婦には二番目に生まれた長男にあたる）。そのことを、現在七十八歳の母は、しきりに自慢するのである。

確かに十三人の子供の中には、大ケガをした子もいる。私も八歳の時、戸棚の高い所にある菓子を盗み食いしようとして、ガラス窓をよじ登り、つい足をすべらしてガラスに踏み込んだことがある。そのケガはいまだに傷痕が消えないほどの重傷だったが、母はその時驚きながらも、「ああ、死なんでよかった」といった。ケガをしても死ななければいい。それが母のつくっていた枠の中でも最も大切な枠であり、それを子供十三人がはみ出さずに生きてきたことが、彼女の自慢のタネであった。

子供に対して、母はいつもこの式だった。成績はよくなくても、学校に通ってさえいればいい。偉くならなくても、人を傷つけたり家族を苦しめたりさえしなければいい。ともかく最悪の事態さえ避ければいいという育て方だったのだ。

私の母のこうした教育が一般論として正しいか間違っているか、私にはわからない。だが、現在、高校と大学に通っている子供を育ててきた私自身をふり返ってみると、私もまた、我が子に対して母と同じ考えに立って接したことに気づかされるのである。否、親としての私だけでなく、一個の学者として生きてきた私にも、最悪の事態さえ避けられればいいという考え方が常に抜けきれなかったように思う。私は自分の母から、そういうことを受け継いだのである。あるいは、無意識に学びとっていたのかもしれない。

このような母に、私はもう一つ学んだことがある。

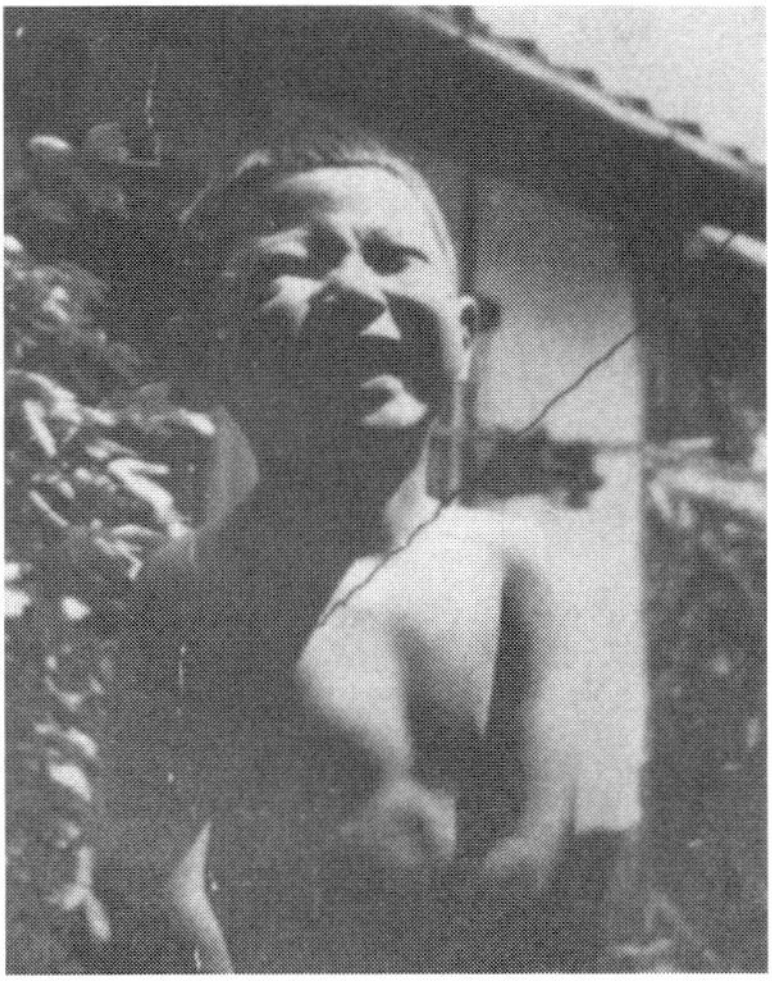

何にでも興味を抱き、質問して母親を悩ませた（五歳の夏）

ものを考えることは、考えることそのものに意味がある、価値がある、ということだ。

子供の頃は誰しもそうだろうが、私も母に、いろいろなことをたずねた。数えの五歳頃だったと思うが、母と一緒にお風呂に入りながら、

「お湯の中では、どうして手が軽くなるの」

と、たずねてみたことがある。母は、いわゆるインテリとは正反対の人である。父同様、学問とはおよそかかわりのない人生を生きてきた母には、私のそんな質問に答えるだけの知識がなかった。

「声はどこから、どんな風にして出るの」

「鼻は、なぜ匂いを嗅げるの」

「眼はこんなに小さいのに、どうして大きな家や、広い景色が見えるの」

そのほか私はいろいろな質問をしたが、母はまず答えられたためしはなかった。

しかし母は、「わからない」とはいわなかった。「そんなこと、たいしたことじゃないけ、考えんでええ」と、うるさがることもなかった。

「さあ、どうしてじゃろうなあ」

と母が首をかしげると、また私が質問した。

「どうしたらわかるじゃろうか」

すると、母は「大きくなって勉強したらわかるようになるんよ」といいながらも、一緒に考え込んでくれるのである。ところが、考え込んでも答えはいっこうに見つからない。すると母はどうするかというと、私を連れて近くの神社の神主さんの所に行くのである。あるいは、懇意にしている医者の家を訪ねるのである。

神主も医者も、その頃の田舎町では数少ない知識人だった。そのインテリさんに、この子がこんなことをたずねているのだが、ひとつ説明してやってくださいい、こういって母は頭を下げるのだ。おかげで私は、よくわからないながらも、ともかく答えを得ることができた。

このような経験をくり返すうちに、私は子供心に、ものを考えることは考えること自体に意味がある、ということを知ったのである。

母は私に、考えることの喜びを身をもって教えてくれたのだ。学者としてだけではなく、一人の人間としての私にも、このことは何にも代えがたい精神的財産となった。

くり返すが、私の母はふつうの母親である。むしろ学識といったものは世の尋常の母親よりも低かったといわなければならないし、また、子供の人生の上に糧となることをあえて教え込むような人でもなかった。一定の枠さえ守ればあとは何をしてもいい、何になってもいいという、自由放任主義の立場をとらざるを得ない人間であった。

そのような母親からも、こちらに学ぼうとする気持ちさえあれば、いくらでも大事なことを学びとることができるのだ。

深く考える力

人間は親を選択することはできないが、友を選ぶ自由は認められている。友人を選択する方法は人によって千差万別だろうが、選んだその友人によって自分の人生が大きく変わることがあるものだ。友人という存在は、親ほど身近ではないが、やはり自分の人生にプラスとなるもの、逆にマイナスとなるものを豊かにもっているのである。

私は、今もそうだが、常に身近なところに尊敬できる人物をさがし求め、その人から何かを学びとろうとしてきた。意識してそういう学び方をするようになったのは、おそらく中学生の頃からではなかったかと思う。これは多分に私の性格によるものかもしれないが、そればかりとはいえない。

生まれながら才能に恵まれた、あるいは向学の家庭に育った子供なら話は別だが、そうではない並の頭をもち、並の家庭に育った子供が勉強していくには、その方法しかないと自覚していたからである。今ふり返ってみて、これは私のような人間にふさわしい、最もいい学び方だったと思う。

人と人との出会いには、もちろん運不運がつきまとう。友人との出会いも同様である。この意味で、私は幸運だったといえる。すでに中学校に入った時から、このような学び方を自覚していた私に、学問の上で、ひいては人生の上で後々まで役立った価値のあることを教えてくれた友人を、幾人かもつことができたからである。

友人との出会いの大切さを知った旧制中学時代

戦争たけなわの昭和十九年四月、私は由宇町から汽車で三十五分の所にある山口県立柳井《やない》中学に入学した。

当時の中学は四年制だったが（五年で卒業してもよかった）、戦争が終わって間もなく、中学四年が修了した昭和二十三年四月、学制改革があって、四年生はいきなり新制高校の二年に進むことになった。つまり私は、旧制の柳井中学に四年通い、新制の柳井高校に二年通い、そしてその第一回目の卒業生になったわけである。

この中学、高校時代を通して私が親しくしていた友人の一人に、藤本繁という同級生がいた。

彼は学校の成績がとびぬけてよかったわけでもなかったが、学校で特異な存在とみなされていた。寡黙な性格で、ほとんど誰とも口をきかずに、いつも孤立して何か沈思《ちんし》黙考《もっこう》しているような男だった。藤本君はそのために「へんくう」というあだ名をつけられていた。偏屈者というほどの意味である。いずれにせよ、いつも黙りこくっているために、かえって彼は目立っていたのである。

そういう彼に、私はいつの頃からか近づいていって、口をきき合うようになった。なぜか関心をもったのだ。

今考えてみると、なぜ彼に関心をもったのか、およそ見当がつく。私は今でもそうだが、ひどくあけっぴろげな人間で、誰とでも語り合いそれを愉しむところがある。だが、その反面、独りになってじっとものを考えているのも大好きなのだ。そこには、人と交わっている時の私とは別人のような私が、確かにいるのである。孤独の中で思考することを愛する、もう一人の私が、おそらく藤本君に関心をもち、接近していったのだろうと思う。また彼は彼で、私のそういう反面を感じとっていたから私とつき合えたのに違いない。

彼と私は、通学の途中、哲学とは何かとか、芸術は社会に役立つかとかの問答をしたり、一緒に考え込んだりした。私が「ショパンの音楽は、きれいな音の組み合わせだ」というと、彼はしばらく考えて、「いや、ショパンほど情感の深い音楽を創る作曲家はいない」という。「情感とは何だ」と問うと、彼はまた考え込むといった情景であった。

このように、彼と私の会話は、およそ現実離れした命題、いいかえれば哲学的な問題についてのお互いの考え方、意見の交換である場合がほとんどだった。

由宇の一つ先の神代《こうじろ》という駅から毎朝汽車に乗って来る彼と私とは、車中で、また駅を降りて学校に向かう途中で、互いにポツリポツリと哲学的な言葉を交わし合った。学校の勉強とはおよそ無縁な、いわば雲上の問題であっても、二人にとっては深刻な、大切な問題だったし、また二人とも、それを深く考え合うことをどこかで愉しんでいるところがあった。

余談であるが、近年、哲学者の梅原猛氏と対談する機会があって、こんな会話を交えたことがあった。

梅原氏が、フィールズ賞の対象になった私の理論がわからないというので、「特異点解消」を前述したような例えで説明すると、梅原氏は、

「いや、実に哲学的な話やね。哲学の話を数学で証明しているみたいだ。存在論やね」

といわれた。

それに対して私は、

「数学というのは、最終的には論理的にやらなきゃいかんから、問題をどんどん制限していって、定式化して、やっと証明できるんですよ。だけど数学にしても出発点は人間が考えるわけだから、その背景には絶えず曖昧模糊《あいまいもこ》したものがあるから、フィロソフィ（哲学）ですね」

と答えたのである。

フィロソフィ——数学という学問は、まさにその人間の哲学から出発するのである。そういう点で、青春時代に、藤本君と学校の勉強を離れて、哲学的な話を交えることができ、彼のような個性を知り得たことは有意義だったといえる。

さて話をもどそう。私は母から、考えることの喜びを学んだ。考えることそのこと自体に価値があることを教えられた。そしてこの藤本君と知り合い、語り合ったことで、ものを深く考える力が促進されたと思う。

ものを深く考えるというが、やみくもに、何でも深く考えるのはあまりすすめられたことではないだろう。目にとまるもの、耳に届くことすべてを深く考えていては、第一、仕事がはかどらない。しかし長い人生には、ここ一番、深く考えなければならない時が何度もあるはずだ。

例えば、私の父が経験したように生活上の危機が、誰の人生にも絶対に襲ってこないとも限らない。あるいは、自分や肉親の誰かがとんでもない過ちを犯して、死を選びかねない傷心に陥るようなことも、長い人生にはないとは限らないのである。私は、そのような時こそ人間に深くものを考える力、深い思考力が要求されると思う。立ち直る見通しがまるでつかない、どこから手をつけて解決すればいいのか見当がつかない、そのような大問題を抱え込んだ時、頼りとなるのは自己の思考力であり、それ以外にはないと思うのだ。

藤本君との交友から学んだ、ものを深く考える力を、私は自分の人生にそのように生かしてきたつもりである。

「人間は考える葦《あし》である」と、パスカル（一六二三〜一六六二。フランスの数学者、物理学者、思想家）はいった。考えない人間はいないのである。だが、ここ一番という時に、より深く考える力、素養を身につけておくことは、親の手を離れる前に是非ともやっておくべきことだと思う。

実は、私たちが勉強する目的の一つは、この思考力をつちかうことにあるのだ。

学ぶことと人間の知恵

人は、なぜ勉強しなければならないのか。一つは思考力をつちかうために、と私は今いったが、実は、この問いに対する答えは私にもわからない。わからないなりに勉強してきたというのが本音である。だが、学生諸君からそんな質問を受けるたびに、いつも答える言葉がある。私はここで、それに触れておきたい。

人間の頭脳は、過去の出来事だけではなく、過去に得た知識をも、きれいさっぱり忘れてしまうようにできている。ものを忘れる能力、これはコンピューターやロボットにはない人間の長所、あるいは短所といえるだろう。

忘却という人間特有のこの能力が、長所となって現れる場合はずいぶんある。例えば、日常生活を営んでいく上で何ら支障をきたさない瑣末《さまつ》なことが記憶から去らなかったり、いやな出来事、腹立たしいことなどが忘れられなかったら、人はまず確実に神経がまいってしまう。してみれば、ものを忘れることができるという人間の能力は、この点ではまことに尊い能力だといえるわけである。

では、この能力が短所となって現れる場合は、どういう場合だろうか。例えば、高校で勉強して得た知識を、大学入試に合格すると間もなく忘れてしまう。また、大学で学んだことを、めでたく就職すると忘れたり、あるいは国家試験に向けて汗水流して覚え込んだ知識を、ライセンスを取得するとどこかへやってしまう。このようなことは、一見、人間の忘れる能力が短所となって現れる例といえそうである。

そこで問題は、勉強してもどうせ忘れてしまうものをなぜ苦労して勉強しなければならないか、ということになる。

私は、学生からこうたずねられると、「それは知恵を身につけるためではないか」と答えることにしているのだ。つまり、学ぶことの中には知恵という、目に見えないが生きていく上に非常に大切なものがつくられていくと思うのである。この知恵がつくられる限り、学んだことを忘れることは人間の非とならない。学ぶことは、結果として無駄にはならないのだ。だから大いに学び、大いに忘れ、また学びなさい、と私は答えることにしている。

では、いったい「知恵」とは何だろうか。それはきわめてあいまいなもので容易に分析し難いものだが、ただし、人間の中のどこにそれがつくられるかは、はっきりしている。

頭脳である。してみれば、知恵は人間の頭脳の仕組みと何らかの関係をもつものではないか、こんな推論ができそうな気がする。

人間の頭脳の特性を明らかにするには、猿などの動物のそれと比べるより、やはり頭脳をもった機械、コンピューターやロボットと比較するのが、一番てっとり早いと思う。

まず私は、ものを忘れることはコンピューターやロボットなどにはない人間特有の能力だ、と前に述べた。だが、実はそれは正確ないい方ではないのである。人間の頭脳には百四十億の神経細胞があって、出来事や知識を無数に蓄積できるようになっているし、事実、蓄積されているのだ。ただコンピューターは記憶したことを自由自在に百パーセント取り出すことができるのに対して、人間の脳は、記憶したことをほんのわずかしか取り出すことができない、という相違にすぎない。ともあれ、脳に無数の情報を蓄積しているのは厳然とした事実なのである。つまり人間は「忘れる」のではなく、「脳に蓄積し取り出せない状態にする」能力をもつといったほうが正確な表現といえる。

私はこれを、コンピューターなどにはない、人間の脳のみが有する「ゆとり」だと思う。私がこの場合に使った「ゆとり」は数学的な意味での「ゆとり」である。すなわち、わずかしかない「いつでもすぐ取り出せる」情報に対比して、実は膨大な量の情報が「すぐ取り出せない」形で脳に蓄積されているという、後者の前者に対する比率の大きさを「ゆとり」ということにしている。

人間の頭脳にあるこの「ゆとり」が、実は知恵というものをつくる要素の一つなのだ。

ここで一つの例をあげる。今かりに、ある文科系の大学生が卒業論文を書く上で、どうしても高校生の頃に習った数学の因数分解を用いなければならない必要が生じたとする。ところが、彼は文科系の学問ばかりしてきたために、いつのまにかすっかり数学の因数分解を忘れてしまっている。どうするか。彼はおそらく図書館に直行して調べるか、理科系の友人にたずねてみるか、何らかの手段を講じるに違いない。そして、そのようにちょっとした労をとった彼は、すぐに「ああ、なるほど」とうなずくことができるに違いない。なぜかというと、彼の頭の中には高校時代に習った因数分解の基礎的な知識が蓄積され眠っているからだ。それゆえ、一度も数学を勉強したことのない人ならば理解するのに長い時間と労力を要するところを、彼は短時間でさほど苦労せずに理解できるのである。

このように、頭脳に蓄積され取り出せない状態にされていた知識は、永遠に取り出せないものではなく、ちょっとした手間ときっかけをつくれば、容易に取り出すことができるのだ。人間の頭脳に「ゆとり」があるからこそ、それが可能なのである。

知恵とは、一つはこのような側面をもったものだと思う。私はこれを「知恵の広さ」と呼ぶことにしている。この「知恵の広さ」は勉強しては忘れ、また勉強しては忘れているうちに、自然と脳の中につちかわれていくのである。

知恵がつくられる場所である人間の頭脳は、また、コンピューターなどと違って、物事を幅をもってみつめ、考えることができるようにできている。つまり寛容な思考態度をとることが人間にはできるのだ。

例えば、コンピューターに映画を見させても、彼は鑑賞することができない。なぜなら、一つ一つのコマがバラバラな画面に見え、そこにある連続した動きがコンピューターには見えないからだ。ところが人間は、一つのコマを見てイメージをはっきり残し、次のコマへ移るまでのきわめて短い間を無視し、前のコマのイメージを持続させて次のコマのイメージと重ねることができる。これは人間の脳がある時は敏感に働き、ある時は鈍感に働き、また刺激に対する反応の余韻を残すという特性をもっているからだが、ともかくも、人間はそのような不連続なものから連続したものを読みとる能力をもっているのだ。

人間の頭脳にあるこの寛容性は、ものを考える上でも発揮される。その一つは連想である。文章、特に詩とか格言のようなものを読む時、その中の言葉から連想される異なった言葉を、思いつくまま列記しておくとする。列記された言葉のいくつかを組み合わせて新しい文章をつくってみる。こうしたあとで、もう一度、元の文章を読み直すと、意味の理解が深みと新鮮さをもつものだ。連想は、言葉の意味と感じに幅をもたせてみるという脳の寛容性から生まれる。

また連想の習慣は、いくつかの異なるものの間に共通点を読みとる脳の働きにもつながる。数学の簡単な例でいうと、円と三角形の共通点は、平面を内側と外側の二つに分割するという性質である。コの字には、この性質はない。8の字は、平面を三つに分割する。実際生活でも、議論をまとめる時に、異なった意見の共通点を発見する能力は大変有用である。

このように、人がものを考える時は幅をもった考え方をするものであり、またそれでこそ、思考は発展性をもって深まっていくのだ。

私は、人生には深くものを考えなければならない時期があり、その深い思考力をつちかうことも勉強の目的の一つだ、と前にいった。これはいいかえれば、勉強してこそつくられる「知恵の深さ」である。勉強しない人の頭脳は、人間特有の幅をもった思考のレッスンをしないから深くものを考える力、つまり「知恵の深さ」が身につかないのだ。

知恵には「広さ」があり、「深さ」があり、また「強さ」というものがある。「知恵の強さ」とは、すなわち決断力である。

私たちが人生で当面する問題には、クイズやテストのようにあらかじめ答えが用意されているものはない。クイズの問題は解答を見つけるだけの問題だが、人生の問題は、相当の時間をかけなければ問題そのものの真意もつかめないし、到底真の解決に至らない難問ばかりである。だから、長い年月をかけて、すべてを知らなければ何の行動も起こせないという姿勢にだけ固執していては、この世は渡っていけない。

医者が、現在の医学の水準ではある病気について数パーセントしか解明されていなくても、目の前で苦しんでいる患者に何らかの診断をくださなければならない時があるように、それがいかに未解決の難問であろうと、どこかで決断しなければならないのである。飛躍しなければならないのである。

人間の頭脳は、不連続のものから連続したものを導き出す寛容性をもっている、と私はいった。いいかえれば、実は飛躍であることを飛躍でないととらえられるのが、人間の脳である。だから、人間は飛躍ができる。コンピューターやロボットには、それができない。

決断できる力、どこかでエイッと飛躍できる力。知恵のそういう「強さ」も、人生とは直接かかわらないように見える勉強を積み上げていく中で、身についていくものなのだ。

知恵には、以上私が述べたほかにもいくつかの側面があるはずだ。いずれにせよ私は、「人はなぜ学ばなければならないか」の答えがあるとすれば、「それは知恵を身につけるためだ」と、答えるほかないのである。

「根気」を教えてくれた友

ものを考える、ということに話をもどす。

ものを考える態度には、短時間で考える即考型と、長時間思考型があると思う。「考える達人」というのは、おそらく、この二種の思考態度を、考える対象や問題に応じて自在に使い分けられる人のことをいうのだろう。

ところが、今の中学校、高等学校の教育環境は、後者の長考型思考法を十分に鍛練できる環境ではないだろう。そこで訓練されるのは、入学試験の場でいかにして問題を短時間で解けるかと

青春を謳歌した高校時代（右から二番目が著者）

いう、前者の即考型の思考法が大半であるような気がする。これは不幸で不完全な教育法である。長考型思考の訓練ができていない人は、とにかくものを深く考えることができない。従って、前に述べた「知恵の深さ」は、いくらそのような即考型の勉強をしたところで身につかないのである。

この点で、私の中学、高校時代は、いたって恵まれた時代だったといえる。現在ほど受験制度が厳しくなく、自分の好きな勉強、スポーツ、課外活動に時間を有効に使えたことをとっても、その時代は今からは考えられないほど、ゆとりがあったのだ。

といって、世の中がのんびりしていたのではない。なにしろ戦争をはさんだ前後の時代だったので、世は激変をくり返し、教育環境も混乱していた。ことに戦後は、引き揚げ者の子弟の入学、父兄の転地による入学、また、軍関係の学校（幼年学校など）の生徒の復員入学などで生徒が急にふえ、何となく学校は落ちつかない雰囲気につつまれていた。加えて、旧制中学から新制高校への学制改革で、教科、教材が混乱を極めた。

こういう混乱した教育を受けたことが、その後の人生にマイナスになった人も、私と同世代の人の中にはいるに違いない。だが、すくなくとも私には、ありがたい時代だったと今にして思われるのだ。教育が整然としていないだけに、かえって自由に勉強ができたし、また、一つのことをじっくり時間をかけて考えるゆとりが与えられたからだ。

どの科目もそうだったが、数学もカリキュラムが系統だっていなかった。もともと中学の四年間で教えられるようにカリキュラムが組まれていたのだが、学制改革で三年延長されて教えられることになったのだから、混乱するのは当然だった。担当の先生も何回も替わり、替わるたびに同じことを教えられることさえあった。基本的なことを徹底的にくり返された。そのために、私はかえって、一つの数学問題を長い時間をかけて考えることができたし、数学にとって何が大事なのか、数学の本質がおぼろげながらわかってきたのである。

数学という学問は、「抽象性」「普遍性」「一般性」ということが非常に要求される学問である。また別の視点から見れば、数学は一定のルールさえ守れば自分の世界を自由に構築できる学問である、ということもいえる。集合論の創始者として有名なカントール（一八四五〜一九一八）は、「数学の本質はその自由性にある」といった。決められたルール（秩序）さえ守れば、名誉や

三角形の２つの底角のそれぞれの二等分線を引き，それぞれの線が対辺に交わる点までの長さが等しい時，この三角形は二等辺三角形であることを証明せよ。

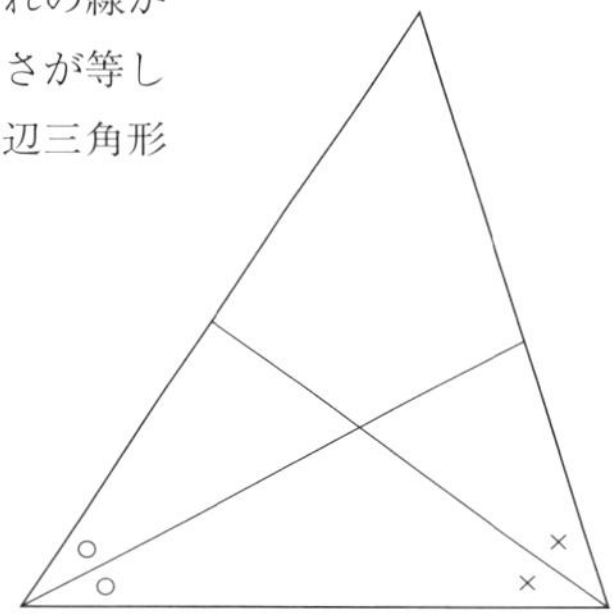

⦿高校時代に解いた、忘れられない問題

地位、経済性、政治性といったものに束縛されることのない自由な学問だというのである。数学の本質をついた素晴らしい言葉だと思う。

ところで、この高校時代に長時間かけて解いた数学の問題の中で、いまだに忘れられない問題がある。

> 三角形の二つの底角のそれぞれの二等分線を引き、それぞれの線が対辺に交わる点までの長さが等しい時、この三角形は二等辺三角形であることを証明せよ。

という幾何の問題である。この問題は三角関数を用いれば容易に解けるが、当時は三角関数を習っていなかったので、難問中の難問だった。だが私は、二週間、ほかの勉強には一切手

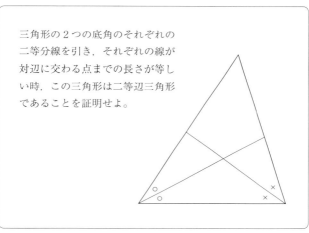

をつけず、食事の時もトイレの中でも、この問題を解くことばかり考え続けた。そしてついにこの問題を三つか四つのケースに分けて証明することができた。

この時のことだが、あまりに数学のことばかり考えていたため、道を歩いていて電信柱に頭をぶっつけ友だちから失笑をかった。それくらい熱中したわけであるが、今から考えるとこの体験は私にとって貴重だった。

人はどの道を歩むにも、時として爽快感、満足感といったものを味わう必要があるのではないか。

常に苦痛だけを友としていては、歩み続けるのがいやになってしまうのではないか。

では、この爽快感、満足感は何から生まれるかというと、どんな小さなことでもいいから、それに「成功」することから生じるのだ。小さな成功をなし、それによって気持ちのよさを味わい、その体験を無数に積んでいくことによって、初めて人は自分の道を歩み続けていくことができる、私はそう思うのである。

ところで、このように一つのことに成功するには、やはり根気というものが必要だ。ねばり強く、コツコツと努力していく力がいる。

だが、私はもともと、いわゆる努力型ではなかった。学校の成績はそう悪くはなかったのだが、勉強にムラがあった。つまり勉強する時は人一倍やるが、やらない時はまったくやらないという風で、そのためかどうか、小学校の頃はついに一番の成績になったためしがなかった。

気分がのれば集中的に仕事をするやり方は、芸術家ならたぶん許されることだろうが、学者という職業には、よほどの才能がない限り、ふさわしくないやり方なのだ。だから、私がもしそうしたムラのある学び方のまま成長していたら、とても学者としてはやっていけなかっただろうと思う。

私に、コツコツと努力することの大切さを教えてくれたのは、やはり中・高校時代に身近にいた友人だった。

友人の名前は守田孝博といった。彼は軍人の家庭で厳しく育てられ、世の中に対する考え方も大人びていたし、物腰にも常に凜《りん》とした様子が感じられた。

守田君は一般の学科だけではなく、体育も、常にトップを占めていた。当時、優秀な子供は幼年学校に入り、士官学校に進み、将校（軍の少尉以上）になる夢を一様に抱いていたものだが、彼も幼年学校に入り、戦後私の学校に復員入学してきたのである。余談だが、私も幼年学校の入学試験を昭和十九年の時に受けたが、見事に試験に落ちたことがある。

彼はそのようにトップの座を誰にも渡さない成績優秀な生徒だったが、決して天才肌というのではなかった。徹底した努力型だったのである。

私はそういう彼に近づき、彼と親しくする中で、コツコツと勉強する姿勢を学びとったのだ

(守田君は京都大学の工学部に入学した。京大に入ったのは、同じ高校の同級生では彼と私の二人だったが、彼は四十代の若さで逝去した)。

私はその時から今日まで、ねばり強く努力する姿勢、根気を意識して自分に植えつけてきたつもりだ。そして現在では、このことにかけては誰にも負けないと自負できるようになった。

私は数学を研究する上で、「ねばり強さ」を自分の信条としている。私は問題を解く一歩手前にいくまで人より時間がかかるが、最後までやり抜くねばり強さにかけては、人にひけはとらないつもりでいる。人が一時間でやってしまうものを私は二時間かかっても、あるいは一年でやるところを二年をかけてやったとしても、要は、最後まで成し遂げることが大切だと、私は信じているのだ。

こういう信条が身についてくると、一つの問題を選んだら、最初から人の二倍、三倍の時間をかけようと腹がすわるものである。

人間は百四十億もの脳細胞をもちながら、ふつうはその十パーセントから、せいぜい二十パーセントぐらいしか使用していないそうである。眠っているそのほかの細胞を生かして、よりいい仕事をするには、人の二倍、三倍と時間をかけるしかない。少なくとも私には、その方法しか考えつかないのである。そして、ふつうの頭脳をもった人間には、それは唯一最上の方法ではないかと信じるのだ。

人生の選択と志

一人の人間が一つの道を選び、生きていこうと決心するまでには、ふつう、大なり小なり紆余《うよ》曲折《きよくせつ》があるはずだ。そのジグザグの道程で、自分の中でどういう力がどのように働き合うものなのか。それはもちろん、個々によって違うだろうが、万人に通じる法則があるような気もするのである。気がするだけで、私にはまったくその法則が見えないのだが、まだ進路がしっかりと定まらない若者たちにそれを示すことができたら、きっとためになるに違いないと常々思っている。あるいはそれを示唆できるかもしれないという願望を含めて、私はここで、どのようにして自分が数学という学問を専攻とするようになったか、冗長にならないように心しながら、語ってみたいと思う。

私が子供の頃、最初になりたいと思ったのは、浪曲師だった。時期は、小学校の高学年にいる時か、中学に入りたての頃だったと思う。私は当時の浪曲師の中でも特に広沢虎造《とらぞう》という人の浪花節が好きで、一度彼が柳井に口演に来た時、聴きに行ったことがある。虎造の『三十石船』という、森の石松を主人公とした作品などは絶品だったと今でも思う。元来、血なま臭いはずの侠《きよう》客《かく》の世界を扱いながら、その血なま臭さを少しも表に出さず、温かいユーモアの世界に聴衆を誘っていく虎造のストーリーを構成する才能は、群を抜いていた。

そんな具合に浪曲に熱中していたから、ラジオでそれが放送される時は、ほとんど欠かさずに耳を傾けていた。たまに、浪曲番組があることをうっかり忘れて遊びに行ってしまった時などは帰ってきて本当にくやしがった。大声でくやし泣きして祖母を閉口させたこともある。

柳井高校二年の頃から熱中し出したのは、クラシック音楽だった。四、五人で音楽部をつくり、私がピアノを担当した。

一つのことに熱中しはじめると、歯止めがきかないところが、私の生来の癖であるらしい。ピアノにもかなり凝ってしまった。私は毎朝始発電車に乗って学校へ行き、学校に一台しかないピアノを授業開始まで弾き続け、昼休みも、また放課後も夜七時頃まで残ってピアノを弾くことに熱中した。

私がこのように音楽に熱中し出したきっかけの一つは、高橋豪という友人と知り合ったことにある。

高橋君は途中から転校してきた生徒だった。私は彼と仲良くなり、よく彼の家に遊びに行くようになった。彼の家には非常に高価な蓄音機とスピーカーがあって、レコードも豊富にあった。

クラシックのレコードが壁いっぱいの戸棚にぎっしりとつめられて並んでいた光景が今でも目に浮かぶが、ともかく、私が高橋家を訪ねる楽しみの一つは、音楽を聴かせてもらうことにあった。私は彼の両親にも気に入られたようで、訪ねて行った時、たまさか彼が不在でも、お母さんか、お父さんかが、「せっかく来たのだから、音楽でも聴いて行きなさい」とすすめてくれるのが常だった。私は遠慮せずにあがりこんで、三時間も四時間も、クラシックに聴き惚れることができた。こういうことをくり返すうちに、いつしか私は音楽の世界に魅せられ、ますます熱を入れていったのである。

高橋君は、藤本、守田の両君と同じくらい、私にとっては親友だった。私は、外国暮らしを経験されたお父さんの影響で洗練された国際感覚を身につけていた彼から、他の友人にはないものを学んだと思う。

私が後に外国に留学するようになったことも、そういう彼と親しんだ経験が、間接的に影響しているようだ。

それはともかく、音楽部に入ってピアノの練習に励むうちに、私は本心から音楽家になりたいと思うようになっていた。だが、私はあきらめた。あきらめたというより、音楽家にだけは絶対になるまい、と心に誓った。練習の甲斐あって、町の音楽会で、ショパンのノクターンを弾くことになった時のことである。私は一生懸命にピアノを弾いた。まずまずの演奏だったと自分では思った。

ところが、私の演奏はさんざんな酷評を浴びた。校内報に載った評は、「あれは音楽というべきものではない。第一、奏者はピアノのペダルをまったく使わなかったではないか」と書かれていた。信じられない話と受けとられそうだが、実はピアノにペダルがあることも、それの使い方も私は知らなかったのである。しかし、私は非常にくやしかった。音楽家なんかになるものか、と居直った。

数学に惹かれていったのは、その頃からである。

数学は、もともと私の得意な科目の一つだった。好きでもあった。性格が単純で、抽象的なことを好む私に、この学問が向いていたからかもしれないが、とにかく数学にかけては幾度も私は気をよくした経験があった。先ほど語った「成功経験」などもそうである。

中学に入って間もない頃だったが、当時中学三年生の姉が数学の宿題を前にして頭を抱えていたことがある。因数分解の問題だった。当時の私は「因数分解」という用語さえ知らなかったが、とにかく先生に教えられたようにやれば解けないはずがないと思い、姉のノートを見せてもらった。そして、それに書いてある通りに解いたところ、結局、答えが自然に出せたのである。姉も、兄たちも、「すごい！」と口々に私をほめたてた。ほめられれば気分はいい。そういう経験が積み重なって、数学は私が最も好きな科目になっていた。

久しぶりに訪れた郷里の海を眺めていると、子供の頃を思い出す

だが、数学者になろうなどという気持ちは、さらさらなかった。私は音楽家になりたかったのである。

しかし、その音楽家になる志を捨てた頃から、音楽に替わって私が熱中し出したのは、数学だった。その時をふり返る時、私は、ある人間が私に与えていた影響の強さを思わないわけにはいかない。

その人、私の叔父にあたる南本厳であった。叔父は、当時他のだれも小学校しか出ていない私の家系にあって、ただ一人、大学に進んだ人だった。叔父が入ったのは現在の東京工業大学である。彼は理数系の科目を得意とし、中でも物理や数学をこよなく愛していた。

私は小学校に入る前から、大学生だったその叔父に誘われて、よく散歩したことがある。私の母の実家は由宇川が海にそそぐ有家《あらけ》という所にあって、松原が近かった。叔父は夏休みなどで帰郷した時に、私を連れてはその松原まで行き、陽光にきらめく瀬戸の海を眺めながら話をして聞かせてくれた。

話は、世界的な物理学者や数学者のさまざまなエピソードが大半をしめていた。そういう話をしながら、叔父は物理や数学、特に数学という学問の素晴らしさ、美しさを幾度も、熱っぽい口調で語って聞かせるのである。

幼い私には、叔父の話の大部分が理解できなかったが、耳を傾けながら、なぜか不思議な感動を覚えた。一人の人間をこんなにも夢中にさせるものが、この世にある。私は、そのことに心をうたれたのである。

　だが、叔父と私が顔を合わせたのは、せいぜい五度くらいだった。大学院に進み理数系の学問で身を立てようと意欲を燃やしていた叔父だったが、一人息子であったがために大学卒業後は否応なく就職しなければならなかった。そうして四十二歳で交通事故のために世を去ったのだ。

　叔父は見果てぬ夢を、親類の中で少し成績がよかった私に、託そうとしたのかもしれない。それは、もはや怨念のようなものだったかもしれない。その怨念が子供だった私に、いつしかのりうつっていた。そして、音楽家になることをあきらめた私を、しだいにその怨念が支配するようになった。

　どの道もそうだろうが、数学もまた、師事した先生によって、学ぶ者の意欲が左右される。私がこの時期に、谷川操先生（現・広島英数学館教師）という数学の先生についたことは、非常に幸運だった。「タンジェント」というあだ名がつけられていた谷川先生の数学の授業は、まことに風変わりであった。

　谷川先生の教え方は、一言でいえば、大変に意地悪だった。谷川先生は独学で中学校（旧制）教師の資格をとった人で、数学教育に独自の見解をもっていた。それは問題の解き方を記憶させるのではなく、問題を解いていく過程の発想を身につけさせるやり方だった。だから、谷川先生

△ABC と点 P がある。
P を通って直線を引き，
AB・AC とそれぞれ
D，E で交わり
BD = CE とせよ。

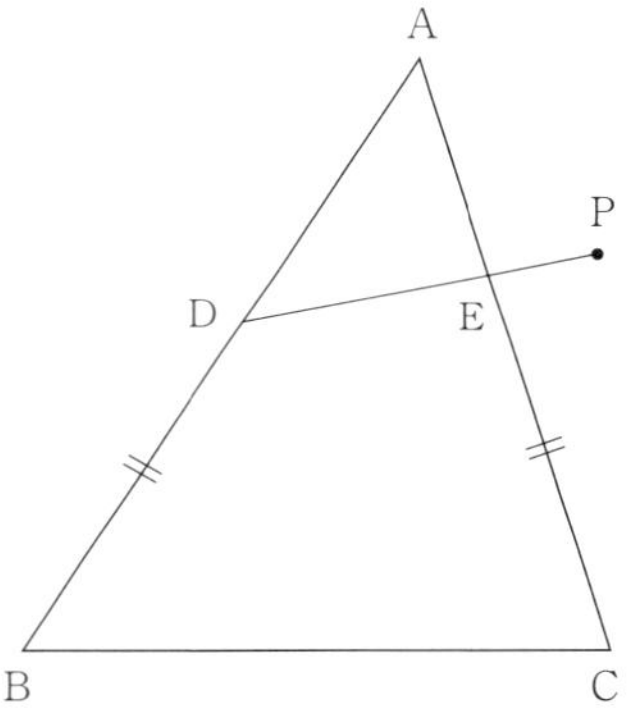

〈ヒント〉
同一平面上の等長線分
BD，CE の回転中心
は定点である。

◉高校時代に谷川先生から出題された問題

は解答を出したためしがほとんどなかった。といって、解き方を懇切に教えるというのでもなかった。途中まで教えて、「これがアイディアだ。あとは自分で考えろ」と、チョークを置くのが常だった。テストも、多くは零点、平均点は三十点前後というのがふつうだった。問題も難しかったが、なによりも問題を解く発想を重んじた採点方針があったので、そういう結果にならざるを得なかったのである。

　前述の幾何の問題も高校時代に谷川先生から出題された問題である。当時、この問題が解けたのは私のクラスでは、私一人だけだったらしい。

　こういう問題はおそらく現在の高校では出題されないであろう。当時の数学のカリキュラムにあった問題かどうか今になってはわからないが、多分、谷川先生の独自の出題ではないかと思う。それくらい、谷川先生はユニークな数学教師であった。

だが私は、ある時、そんな先生から満点をもらったことがあった。その時私が出した答えは明らかに間違っていたのだが、問題を解いていく過程の鍵となる発想をきちっとおさえていたので、異例の百点を先生は私につけてくれたのである。先生自身も、出した解答が間違っていることがよくあった。例えば、物の体積がマイナスで出たこともある。しかし、そういう時も先生は、「本筋は正しいのだから、これでいいのだ」と平然としていた。私のその時の解答も間違っていたが、先生のいう「本筋」が正しかったので、百点満点の恩恵に浴したわけだった。

この百点をもらってから、俄然私は先生が好きになり、数学に熱中するようになった。前に書いた、一つの問題を二週間かけて解くという意欲がもてたのも、先生のそうした教え方に心から惹かれていたからだ。

大部分の生徒には、谷川先生の数学教育は好感をもたれなかったようだが、この先生から発想の大切さを教えられたことは後の私に大いにプラスとなった。

アイディア、つまり発想こそは、数学者が最も大切にしなければならないことである。発想さえ確かであれば、あとは時間と労力の問題という面が、数学という学問にはあるのだ。私は、その発想の大切さを、タンジェント先生から徹底的にたたき込まれたのである。

数学者への道

こうして数学に熱中するうちに私は卒業を迎え、ちょうど朝鮮戦争が勃発した昭和二十五年四月、京都大学理学部に入学した。試験を受けた大学はここだけで、もしそれに落ちたら生涯大学に入ってはならない、と父からいい渡されていたが、なぜか落ちる不安は感じられなかった。

京都大学を選んだのは、京都という町がなんとなく好きだったこと、それから姉が京都の織物商に嫁いでいたので下宿させてもらえたこともあったが、何よりも、その前の年の十二月十日、ノーベル物理学賞を受賞された湯川秀樹博士（一九〇七〜一九八一。理論物理学者。中間子論の創始者）に憧憬《しょうけい》を抱いたからである。物理学をやろうと思って大学に入ったのも、当時京都大学にいた博士に憧《あこが》れたからだった。

この湯川先生の日本人初のノーベル賞は、敗戦に打ちひしがれていた多くの日本人を勇気づけたし、私自身にも特別の感慨をもたせるものであった。

そして、実際に京都大学に入学すると、私は物理学のセミナーと、数学のセミナーの二つを受けた。

当時、物理学のセミナーでは、アインシュタインの理論を学ぶことになっていた。バーグマンが書いた『相対性理論』という本の翻訳をテキストにしてアインシュタインの理論に触れようというのだったが、私はそれに興味を覚えて学ぶうちに、どうしても数学に惹かれていったのだ。

この相対性理論は、物理学の理論の中でも、最も数学的な理論である。

また、この理論を立てたアインシュタインその人が、きわめて数学的な物理学者であった。アインシュタインは少年時代、数学が得意で叔父ヤコブの手ほどきで代数や幾何学をものにしたらしい。特に後年になるとその傾向が顕著になり、例えば、一九二九年、重力場と電磁場との統一を試みた「統一場理論」などは、あまりに数学的、抽象的で、物理学的実験のスケールからはみ出したような理論であったから、物理学者の間ではほとんど相手にされなかったぐらいである。アインシュタインという学者は、非常に単純な、数学的な根本原理からすべてが演繹《えんえき》されるのではないかという夢を抱き続けた数学的ロマンを捨てきれなかった人間ではなかったかと思う。芸術家肌の学者、美意識にこだわった人ともいえる。

私は、アインシュタインのそうした数学的な面に魅せられて、物理学者になりたいという気持ちをまだ抱きながらも、数学に傾いていった。数学という学問があらゆる科学の基本であることも魅力的であった。

そして、それに拍車がかけられたのは、一方で受けていた数学のセミナーで学んでいたことに、かなり興味を覚えたからである。そのセミナーでやっていたのはポントリャーギンが書いた

『連続群論』に関する書物だった。世の中の自然できれいな形は、いくつかのシンメトリー（対称性）をもっている。人間の顔が左右相対であるというのは、写真を裏表にとっても、違いがわからないということである。長方形は、上下と左右のシンメトリーがある。円になると、中心を通るあらゆる方向にシンメトリーをもっている。いいかえると、シンメトリーが連続的に存在する。シンメトリーは群を作る。それが連続的な時、連続群という。連続群の理論は、トポロジー（位相幾何）、解析（微分、積分など）、代数などさまざまな数学の理論に関係して、大変面白いのだ。

私は、こうして物理と数学の両方を学ぶうちに、数学がますます面白くなり、ついに自分の適性は数学に向いているとまで確信するようになった。

二年間の教養課程を終え、専攻を決める段階になり、私は数学を選んだ。つまり、本気で数学者への道を歩む第一歩を踏み出したのはこの時、大学三年の春ということになる。

以上、私がどういう経緯をたどって数学を専攻とすることになったかを、おおよそ述べてみた。

私はこのように、数学という学問を知った時から数学者になろうと思ったのではない。数学が好きで、自分に向いていることをおぼろげに自覚しながらも、数学で身を立てようと決意するまで幾度も試行錯誤をくり返したのだ。

数学者の家庭に生まれ、数学者の父が数学者にしようとして幼少の頃から特訓した子供や、数学の才能豊かに生まれついた子供ならいざ知らず、現在数学者として生きている人の多くは、みな大なり小なりこうした試行錯誤を重ねたあげく、この道に入ってきたのではないか。否、一人の人間が生涯の道を選ぶまでには、誰しもこのような試行錯誤のくり返しを避けることはできないのではないかと私は思うのだ。

常識的な人間の人生は、直線的ではない。ジグザグしているのが普通である。だが、その過程でくり返した試行錯誤は、絶対に無駄ではないのだ。

私が中学時代に音楽に熱中したことも、音楽とはまるで無縁に見える数学の研究をする上で、生かされていると思う。それについては後で述べようと思うが、人間、学んだこと、あるいは学ぼうとして努力したことは、必ず後に役立つものなのだ。

仏教に「因縁」という言葉がある。因というのは、〝おおもと〟の意で、内的なものである。この内的な因に対して外的なものが縁である。内的条件（因）と外的条件（縁）が結び合って一切のものが生じ、またこの結合が解消されることによって一切のものが滅するというのが、仏教の説く「因縁」である。

一人の人間の一生は、あるいはこの「因縁」に支配され続けるものかもしれない。親から受け継いだもの、身近な友人から学んだもの、また幾度か試行錯誤することによって得た体験的知識などが、目に見えないかたまりとなって自分の中に蓄積され、「因」をつくる。そして、その

「因」が「縁」を得て、その人の志となり、行動となり、願望となり、道となっていく。私は自分のこれまでをふり返って、そんな気がしてならないのだ。

生きていることは、たえず何かを学んでいることである。そして、学んだそのことが、個々の人間の生きざまをつくっていくのだとしみじみ思う。

第2章

創造への旅

創造することの喜び

人は生きている間にたえず何かを学んでいる、と私は前章で語った。学び方や学びとるものの違いはあれ、それは万人に共通する事実である。意識するしないにかかわらず、実際、学ばなければ生きていけないように人間はできているのだ。

学ぶことには、苦痛とともに喜びがある。苦しいことの連続だと思っている人でも、学びすすんでいく過程で、学ぶことの喜びを断続的に味わっているはずである。ただ、学ぶことにあまりに苦痛を感じすぎるために、喜びが、あるいは満足感や幸福感が、目にとまらないだけのことにすぎない。

そして、人生には、もっと大きな喜びを与えてくれるものがある。それはものを創ることである。創造である。

創造ほど確かな幸福感を人に与えてくれるものはない。何にも代えがたい喜びを与えてくれるものはないのだ。半世紀を生きてきた私は、過去の自分の人生をふり返って、そういう思いを強くするばかりである。創造には、学ぶこと以上に苦痛がともなうけれども、それだけに何かを創造した時の喜びはとてつもなく大きいといわなければならない。

では、創造とは何か。創造などというと、私たちの日々の生活とはかけ離れた、例えば芸術や学問などの世界だけのことに受けとられそうだが、そうではない。創造は日常生活の中にもなくてはならないものだし、現に、人は日々の生活の中で小さな創造を積みあげ続けているのである。

母親が我が子のためにセーターを編みあげる。掃除のやり方を工夫する。若者が、すてきな遊びをこしらえる。老人が植木を栽培して育てるのも、まさに日常生活の中での確実な創造なのである。

植木といえば、私の母は、家のさほど広くない庭に、何百種類ものツツジを植えている。ツツジという植物は、折れた枝からでも丹精しだいでは自生することができるらしく、母が栽培しているものはほとんどが、よそから貰《もら》った折れ枝から育てあげたものばかりである。母は、このツツジの栽培にかけては相当の自信をもっているようで、完成するとそれを私や、兄弟姉妹たちに贈っては、ひとり悦に入《い》っている。

母はまた、私たち子供や、三十人からいる孫たちに自分の書を贈ろうとして、数年前に習字を始めた。通信教育であるが、現在準初段、今は初段を取ろうと毎日一生懸命に習字の勉強をしている。

母の例を引いてしまったが、このようにツツジを栽培すること、準初段の腕前の書が書けるよ

母親が描いた絵画を一緒に鑑賞

うになり、孫に自分の書を残そうと努力している
ことも、母にとっては人生最後の創造活動だと思うのである。そういう母の姿勢は私たち子供にとっても実に嬉しいことである。そして、日常生活におけるこうした創造の喜びは年齢や職業、学歴などにはまったく関係ないのだな、と思ってみたりする。

だが、創造には喜びと同時に、生みの苦しみもある。母は、年のせいか字を書く時に手がふるえて困ると嘆く時もある。

ところで、生活の場における創造と芸術・学問などの世界のそれとを比べていずれが難しく、いずれがやさしいかという問題は私にはわからない。私の場合数学という学問の世界に生きてきて、創造することの難しさをたびたび思い知らされてきたことも事実である。

まず第一に、学ぶことからいつ、どのようにして創造の世界へ旅立つきっかけをつかむかが、容易ではなかった。

私の場合、大学三年になり、数学の道を歩む決心をしたものの、数学という学問の中で私自身の創造性がどのような形で誕生するのかわからず、そのことは大学院の修士課程に進んでからも、そのきっかけがつかめずに悶々としなければならなかったのである。

友と自分の間

創造するきっかけについて語る前に、この時代に親しくしていた二人の友人のことに触れておきたい。ここでも私は身近な彼らに学ぶところが大きかったからだ。

大学の二年になって宇治分校から京都大学吉田分校に移り、三年になって京大本部の理学部に移って数学を専攻した私は、秋月康夫教授のセミナーに入った。この秋月セミナーの雰囲気、そこで私が学んだことなどについては、後に、「特異点解消」までの道を述べる部分で触れたいと思う。

吉田山のふもとの今でいう教養学部に移った頃、一緒に数学を学んだ友人の一人に、藤田収《おさむ》という学生がいた。

彼は、一言でいえば、紳士であった。身だしなみも紳士そのもので、常にきちんとしていたし、ものの考え方もかっちりしていて、学生というよりは大人っぽい感じであった。彼のそうした性格は学問の上にも発揮された。いい加減なところを一点も残さない、一貫して峻厳《しゅんげん》な態度で学ぶのが彼の学問の仕方だった。

その藤田君を中心にして、数人のグループで数学の専門書を輪読する会をつくった。その輪読会では一週間に一回、半日ほどかけてポントリャーギンの『連続群論』を英語の翻訳書で読みながら議論を闘わせたのであるが、その会に非常に熱心に参加していたのが藤田君で、私のほうは参加したりしなかったりのいい加減なメンバーだったのである。

数学の専門書といえば、『連続群論』だけでなく、当時の私は、ろくすっぽ本も読まずに、「この問題は、このアイディアで証明できるだろう」と平然といってのけるようないい加減さがあった。すると、藤田君は翌日か翌々日になって、問題をきちんと解いたノートを私に見せ、「君のアイディアも使ったが、それだけでは解けなかったよ」と、きまって注意してくれるのだ。そのたびに、私は頭を掻かなければならなかった。

数学の世界では、九十パーセントまで問題が解けても、あとの十パーセントが解けないことがままある。その十パーセントを解けるだろうと見込みをつけて論文を発表したりすると、あとでとんでもないツケがまわってくる。現にそのような誤りを犯し、悩み抜いたあげく自らの命を絶った悲運な数学者もいるのだ。

私は藤田君と親しくつき合ううちに、数学にはわずかの手抜きも許されないことを教えられた。

もう一人、同じ数学科の友人で印象深いのは小針晛宏《あきひろ》という学生である。

小針君のお父さんは、学校の校長を務めていた。彼はそのお父さんに小さい時分から厳しく育てられたようだった。家庭の厳格な気風は、軍人の子として育った高校時代の友人守田君の家庭のそれとは、別種のものだったと思う。

数学科に籍を置きながら、彼は文学を好んだ。彼が書いた小説を私はたびたび読ませてもらったが、それは、人間の心理のドロドロした部分を抉《えぐ》り出したような陰気な小説であることが多かった。私は一体に、暗い文学は肌に合わなかった。さわやかな感じが読後に残る、明るい文学が好きだった。だから、彼から批評を求められても私は色よい言葉を返さなかったし、時には、「君みたいにこんな風に泥沼にどっぷりつかっていては、いい仕事なんかできないぞ」と酷評したりした。だが、そんな批評を浴びせながらも、彼の感受性の豊かさに私は惹かれていたのである。私にはない感受性を彼はもっていた。私は小針君と二人で中心になり、『Eous』というクラス雑誌をつくるほどまで、親しくなった。

このクラス雑誌は、数学と関係なく、クラス全員の心のコミュニケーションをはかるために創刊されたもので、これを提案したのは小針君だった。第一号は、各自の原稿をとじて回覧する方式だったが、第二号はガリ版刷りにした。

小針君の後をついで、私はその第二号の編集長を務めた。雑誌には新たにアンケート欄を設け、そのアンケートに、「今、十万円拾ったら何に使うか?」とか、「召集令状を受け取ったら、いかに?」といったアンケートを出したことを記憶している。彼と二人で次の号の編集会議を開くのは、心愉しいものだった。

もう一つ、彼との交友で私が身につけたのは、いわゆる「くそ度胸」である。私もデカダンスに魅力を感じていた一人で、世の顰蹙《ひんしゅく》を買うようなことを、しばしば彼と一緒にしでかしたものである。そんな経験をくり返していると、他人がどう見ようと、どう思おうと構わないといった「くそ度胸」が人間ついてくるものだ。

私たちは大酔して、よく京の街角に寝ころんだものだ。私は今でもそうだが、どんなに深酒した時も帰宅するまではわりあいしゃんとしているほうである。ところが彼は、酩酊すると道路に寝る癖があり、衆目を一向気にせずに大声を張り上げるというようなことがあった。当然、そんな時は私がなだめ役にまわるが、さりとてほっぽりだして帰るというわけにもいかず、路上でいびきを掻いて寝ている彼の隣りに坐り込んで、酔いがさめるのをじっと待つうちに夜が明けたというようなこともしばしばあった。

これは、私の青春時代の荒っぽい話だが、とかく人間、他人の眼を気にしていては飛躍できないことがある。私はそれをいいたいのだ。誰がどう思おうとこれだけはやってやろうと決心するには、度胸がいる。その度胸を、彼とつき合う中で、私は学んだような気がする（小針氏は、京都大学を卒業後、同大の理学部助手、教養学部助教授になったが、昭和四十六年、四十歳の若さで死去した）。

しかし私は、小針君と完全に意気投合したわけではなかった。複雑多感な感受性に魅かれる一方、やはり私の中には、彼のそういう部分と相容れない面があった。大学四年の時に、何かの事件で全学ストがあった時、私一人だけが教授室で授業を受けたことがある。スト破りのつもりではなく、私は授業を受けたかったからである。あとで皆にノートを見せる約束をしたおかげでスト破りと冷淡視はされなかったが、私のそういう面は、彼とつき合っても変わらなかった。

その意味で、もし私が完全に彼と意気投合していたら、私は強烈な刺激的な個性をもった彼から、骨の髄まで影響を受けたはずであり、その後の私の生き方も相当違ったものになっていただろうと思う。

このことは高校時代の友人である藤本君の場合にもいえる。常に深遠な命題をかかえ思索して

京都大学時代に学問・人生のことを思索しながら歩いた「哲学の道」

いた彼とだけ私が交友を結び影響されていたとしたら、私はあるいは土の臭いの強い哲学者になっていたかもしれないと思うことがある。

私は自分のこれまでの人生をふり返って思うのだが、いつの場合も、気の合う友だち、意気投合できる友だちというのを、友人を選ぶ基準にしなかったようである。私は、自分にないものをもっている友、自分に教えてくれるものをもっている友を意識して選び、つき合ってきたのだ。そして、そのためにはどんなに親しくなっても友との間に一定の距離を置き、自分の中の小さな世界に友が入り込んで来ようとしてきた時には、厳しくこれをはねつけなければならない。そう努めてきたのである。

私のこうした交友の仕方を、ひややかでずるいと評するむきがあるに違いないが、私はこのことを守ってきたために、人から裏切られたことが一度もないといいきれる。気取ったいい方で少々恥ずかしいが、「裏切られる」という言葉は、私の辞書にはないのだ。なぜなら私は、どんな人とでも親しく口をきき、時には自分をさらけだすあけっぴろげなところがあるが、自分の最も大切な部分まで影響を受けて、あとで後悔したりしたことが一度もないからである。つまり、どのように親しい友であれ尊敬する友であれ一人の友にぞっこんいれあげて、自分を失うという経験は今までなかったといえる。

友との間に常にはっきり境界線を引いてその境界までは実にあけっぴろげにつき合うという私

のつき合い方が正しいのか、正しくないのかはさておいて、少なくとも友人という生《なま》の人間に学び、教えられるには、私のやり方は有効だったと考える。

英語に、loneness（孤独）という言葉とloneliness（寂寥）という言葉がある。二つの言葉の意味は相通《あい》じ合うところがありそうに見えるかもしれないが、実は、明確に対立し合うものだと私は信じている。lonelinessはlonenessから逃げようとする人間の感情を表した言葉である。lonenessを失うからlonelinessが生まれるといっても過言ではないと思う。少なくとも、lonenessをしっかりもっていれば、好きな人、嫌いな人、どんな人とどのようにつきあってもlonelinessを感じなくてすむというのが、私の信条である。

私は自分の偏見を離れて、あらゆる友から大切なことをできるだけ多く学ぶためにも、自分自身のlonenessをもっていなければならない、と考えるのである。

創造への飛翔

前の章で、ドイツの生んだ天才数学者ガウスのことを少し触れた。「数学界の王者」とも呼ばれたガウスは、「しゃべり始める前にもう勘定の仕方を知っていた」という伝説もあり、二歳頃から数学の天賦の才を発揮したといわれる。その天才ぶりは、少年、青年、壮年時代になっても変わらず、創造的な研究によって数学史上に数々の金字塔を打ち立てた。中でも、当時の数学界では最も非実際的と考えられていた「数論」を数学の中心に据えた業績は、彼の地位を不動のものとしたのである。

このガウスのように、私は自分の教え子の中に、ごく自然に創造へ旅立ち、その最初に創造した研究内容が高い評価を受けた例を幾度かこの目にしてきた。

しかし、そのような天才ならばいざ知らず、普通の頭脳をもった人間が学ぶ段階から創造へと飛躍するには、あるきっかけがなければならないようである。私は前に述べたように、そのきっかけをつかむまでに鬱々《うつうつ》とした日々を送らなければならなかったのである。

大学を卒業し、大学院の修士課程に進むと、周囲の人たちはそれぞれ論文を書いて発表するようになった。試験でいい点数をとる。あるいは高度の理論を理解するだけで自己満足を覚える時代は過ぎ、何かを創造しなければならない段階にきたのである。そして、数学者として身を立てるためには、本を読んで「よし、わかった」などといっているだけではすまされなくなったのである。

しかし、私もまた皆と同様、理論を学ぶだけのそれまでの自分を飽き足らなく思いながら、どうしても論文を書く気になれなかったのである。

それにはいくつかの理由があった。一つは、大学院のある先輩の考え方に、私がある程度まで賛同の念を抱いていたからだ。彼は常にこういうのだ。

「皆はどうして愚にもつかない論文ばかり発表するのだ。一生懸命書いたところで、毎年捨てられる論文ばかりじゃないか。よくしたところで十年もすれば見向きもされなくなるような論文は、図書館の収納スペースを狭くするだけで、何の意味もないではないか。そんなものは書くのも無駄なら、読むのも無駄だ。俺は絶対に書かんぞ！」

その先輩は万事呑み込みがよく、よくできる人間だったし、また、批評眼が非常に発達していた。実際、彼のいうことは当たっていると思った。現に、毎年おびただしい数の論文が発表され、そのほとんどが何ら評価を与えられずに、反古同然にされていたのである。これは今も変わらない。

さらに、私が論文の筆を執ることができなかったのは、過去に山ほど発表された優れた論文に圧倒されていたからでもある。

論文というものは、完結された姿で発表されるのが常套である。しかも、過去の世界の大数学者と呼ばれる人たちが、一点の非の打ちどころのないそうした完成作をごまんと発表しているのだ。それらを読むと、今さら自分ごときが論文を書いたところで、という気がしてくるのは当然だろう。要は、書くのがばかばかしくなったのである。

例えば、ギタリストを志す人が、習いかけの頃に名ギタリストの演奏を聴いたとする。その人はギタリストが奏でる素晴らしい音に聴き惚れ、心打たれるが、さて我にかえってみると、自分がギターを奏するのがばかばかしいことのように思えてきはしまいか。それは演奏家のテクニックが格別に優れたものであり、自分が今からいくら頑張ってみたところで遠くおよばないだろうと見込みをつけてしまうからである。私が論文を書けなかった理由の一つは、それによく似ている。

だが、くり返すけれども、論文を書くことで自分の理論を創造していかなければ、数学者への道は閉ざされたままなのである。書くべきか書かざるべきか、私は悩み続けた。

大学院二年生の初夏のある日、私に思いがけないことが起こった。もう二十数年も前のことだが、その時の光景は今でもありありと目に浮かんでくる。

その日の午後、私は銀杏《いちょう》並木の続く京都大学理学部の構内を歩いていた。何か考えごとをしていた私は、ふと、銀杏の葉が風にさやぐ音の中に、かすかな声を聞きつけたような気がして立ちどまった。ふり返ると、遠くのほうから小学生らしいオカッパ頭の女の子が、「おじさーん」と呼びながら、小走りに駈けてくる。私は踵《きびす》を返し、そのまま歩き出した。まさか彼女が自分のことをさして呼んでいるのではないと思ったのだ。第一私は、学生服を着ていた。ところが、二、三歩行きかけて私は再び立ちどまった。

あたりには誰もいない。してみれば、女の子が呼んでいる「おじさん」とは明らかに私のことである。

少女は、二度目にふり返った私のそばまで息せき切って走ってくると、「これ、おじさんのやろ」と、手帳を差し出した。私はうっかりして手帳を落としたらしい。確かにそれは私の手帳であった。お礼をいって受け取ると、銀杏がつくった緑陰の中を少女は、「いいことをしてよかった」という風に、少し胸を張って揚々と歩いて行った。

私はその場に茫然と立ち尽くして、少女の白い半袖姿が小さくなるまで見守った。私はそれまで自分のことを学生だと思っていた。否、「おじさん」と呼ばれたことはあったかもしれないが、この時ほどその呼称が胸に突きささってきたことはなかった。

たったこれだけのことだったが、私には重大なことだったのである。その日から私は幾度も、「おまえは、おじさんと呼ばれるに値する人間か」と、自分に問うてみた。答えは「否」と自分の中の自分が答えていた。本を読み、高度の理論を理解する、人の論文を明晰に批評する、それだけでは「おじさん」の値打ちはないのである。自分の理論を創造しなければならない。論文を書かなければならない、いかに拙《つたな》くとも……。

私は決断した。そして論文を書いて投稿した。

この時のことを思い出すたびに、私はこの少女に頭を下げたくなるのである。私を数学者にしてくれたのは彼女ではないかという気さえする。もしあの時、少女が「おじさん」と呼んでくれなかったら、私は依然として創造へ旅立つきっかけをつかめずに、低迷し続けていたかもしれない。そしてその低迷から生涯脱出することができなかったかもしれないのだ。私は現に、優れた才能をもちながら業績を何一つ残さずに右往左往している人を数学の世界だけではなく、いろいろな学問の世界で数多く見かけてきた。

創造へ旅立つきっかけが人によって千差万別なのは、もちろんである。だが、そのきっかけは、意外にも身近なところにころがっているのではないか。そして、それを見逃すか、つかまえられるかは、その人が創造ということについていかに悩み苦しんだか否かによるのではないか、と私は思う。

創造の原形

数学の世界では、学びの段階がある程度まで進んでくると、他の数学者のいかなる大理論であろうと、三ヵ月もあればマスターできるのが常である。ところが、自分で新しい理論を組み立てることになると、それは三ヵ月では不可能なのだ。一年かかるかもしれない、あるいは十年の歳月を費やしても創造できないかもしれないのである。

しかし、何でもいいからともかく論文を書いてみようと決断した日から三ヵ月ぐらいかけて、私は、最初の論文を書きあげ、それを京都大学の『理学部紀要』（一九五七年三十号）に発表した。英文で書いたその論文は、「代数曲線の算術的な種数と実効的な種数について」（*On the arithmetic genera and the effective genera of algebraic curves*）という題名だった。

ところが、ある程度まで予期していたことだが、この論文に対する評価は、はなはだ思わしくなかった。この論文の批評はいろいろあったが、中でも、私にとって最も辛辣《しんらつ》だったのは、米国の『レビュー』（*Mathematical Reviews*）という雑誌に載った、当時バークレーのカリフォルニア大学の教授だったローゼンリヒトの短評だった。

詳細な内容は失念したが、ローゼンリヒト教授によれば、

「この論文の主要結果は、彼が引用した文献の中で、いみじくも証明されていること以上のものではない」

というのである。

私たちは論文を書いた時、ふつう終わりに参考文献を列記する。私もその例に倣《なら》ったわけだ

が、実はその参考文献にろくすっぽ目を通さずに、見当だけでリストアップしたのである。あまり読みもしないで、「これは関係ありそうだから」といった具合に参考文献を拾っていったのだから、ずいぶんいい加減なことをしたものだ。とにかくローゼンリヒト教授は、私が列記した参考文献の一つである彼自身の論文の中で、私が主題とした問題をすでに解決していることを、指摘したのである。

後にパリに留学して、二十八歳でフィールズ賞をとったフランスの天才数学者セール（現・コレージュ・ド・フランス教授）に出会った時も、「君のあの論文は、文献の一つにだいたい書かれてあったことだったね」といわれた。私だけのちょっとしたオリジナルな発想も一つ二つはあったのだが、なにしろ主要結果がそうなのだから、話にならなかった。私はその時、穴があったら入りたい気持ちを味わった。

しかし、そのように酷評を浴びた論文であったが、やはりこれを書いてよかった、と私は今でも思っている。

第一に、私は参考文献を詳細にわたって理解していなかったという誤りを犯したが、それによって論文をつくり上げる手法を学んだことである。当然のことながら、論文を書くには、関係ありそうな文献を読破し徹底的に調べなければならないことを思い知らされたのである。

第二に、私はこの拙い論文を書いたことで、一つのステップ台をつくることができた。これは貴重である。なぜなら、このステップ台を起点として次の論文を書けば、それは最初の論文より確実にいいものに仕上がるはずだからだ。もちろん第三の論文が第二のそれよりいいできになるのは、いうまでもない。

第三に、これが一番価値のある報酬であったが、私はこの論文を書いたことで、自分なりの着想を育てるという創造の姿勢を、実体験として学んだのである。

このことを説明するには、ベンジャミン・フランクリン（一七〇六〜一七九〇。米国の政治家・科学者）のエピソードを引用するのがわかりやすいだろう。

「発明狂」といわれ、凧《たこ》を上げて雷が電気であることを証明し、避雷針を発明したことで有名なフランクリンは、ある時、またしても新たな発明をして、欣然《きんぜん》として友人の家に駈け込み、それを見せた。ところが、たびかさなる彼の発明に、いささかうんざり気味の友人は、「いったい、そんな幼稚なものを創って、何の意味があるのか。何の役に立つのか」といった。するとフランクリンは、そばに寝ていた赤ん坊を指さして、友人に向かってこう反問したのである。「君はそういうが、では、この赤ん坊は何の役に立つのだ」と。

フランクリンのこの言葉は、重要なことを示唆している。すなわち、創造というものは、出発点ではみな幼稚であること。いいかえれば、創造の原形は赤ん坊のようなものであり、それが十分成長した時に初めて何の役に立つのかも明らかになってくる。創造とはそのベビーをいかに育てていくかということにほかならないのである、と彼はいいたいのだ。

嬰児《えいじ》から幼児へ、そして少年から青年へと成長していく過程で、子供は親にとって、時に目に入れても痛くないほど可愛い時期があるかと思えば、勘当したくなるほど憎たらしい時期があるだろう。しかし親は、可愛い時期だけ子供を育て、憎たらしくなったからといって子育てを放棄するというわけにはいかないのだ。

創造もまた同様である。創造の出発点の姿が、たとえ赤ん坊のように幼稚で小さなものでも、途中で放棄せずに、辛抱強く育てていかなければならないのである。

何のために？　子供を育ててあげてみないと社会にとっての価値が生まれないように、ものも創ってみないと価値が生じないからだ。

ロボット工学の分野でユニークな仕事をし、〝ロボット博士〟の異名をもつ松原季男《すえお》（自在研究所主宰）という人がいる。産業用ロボットを製作する会社の社長でもあり、彼自身がかなりのアイディアマンである。その彼から、自ら製作した「群れ」をつくるロボットの写真を見せてもらったことがある。そのロボットは〝みつめむれつくり〟というのだそうだが、最初から目的をもって創られたのではないと、彼はいうのである。

二十センチほどの小型なロボットを七個創ったそうだが、ただ群れをつくるという特徴だけで、最初はそれ以外には目的をもっていなかったのである。そのロボットが完成して、その特徴の面白さが想像以上に発揮されて初めて、床面清掃ロボットのような産業用ロボットに実用化されたのである。

このような話はいろいろな分野で聞くことである。例えば、薬学におけるペニシリンの発明も、エレクトロニクスにおける半導体（電気抵抗率の小さい導体ときわめて大きい絶縁体との中間の電気抵抗率をもった物質）の発明も、みな最初は、創ってみてどういう価値が生まれるか、明確ではなかったのである。しかし、ペニシリンも半導体も、それぞれの分野で、創る前には気がつかなかった応用が生じたり、それから発展したさらに新しい発明が次々に生まれる出発点になったのだ。つまり、ものは創ってみると、育てた子供のように一人歩きしていくのである。

私は最初の論文を書いたおかげで、創造ということを、肌で知ったような気がしたのである。

ライバル意識とあきらめの技術

ものを創造することの喜び、学びの段階から創造的な仕事（研究）につながるきっかけについて、これまで語ってきた。

では、創造をくり返しながら、より素晴らしいものを創っていくのに大切なことは何か。私の体験談をまじえながら探っていきたいと思う。

最初の論文を書いてからしばらくして、私の人生を変える転機が訪れた。

私が師事していた秋月教授が、米国から一人の数学者を招き、講義を願った。ザリスキー（Zariski）という数学者であった。ザリスキー教授はハーバード大学教授で、若い頃ローマで「代数多様体の特異点の解消」を研究し、三次元までの解決に成功した世界的数学者であった。ザリスキー教授は一ヵ月間日本に滞在し、十四回の講演を行なった。

そのザリスキー先生の前で、私はおりから書きあげていた二番目の論文（「大局環上の代数幾何についてのノート――特殊化の過程におけるヒルベルト特性関数の不変量〈*A note on algebraic geometry over ground rings: The invariance of Hilbert characteristic functions under specialization process*〉」）を、秋月先生に勧められるままに説明する機会を得たのである。結局、それがきっかけになって、私は両先生に勧められてハーバード大学に留学することになった。昭和三十二年のことだった。

ハーバード大学は米国最古の私立大学で、マサチューセッツ州の州都ボストンの北西に位置するケンブリッジ市にある。

私は、今は観光船として横浜港に停泊している「氷川丸」という船に約十三日間ほど乗って、ワシントン州のシアトルに着き、それから大陸横断鉄道で、三日後にボストンに着いた。いろいろと思い出深い旅であったが、この時のことは、後に留学について語るところで触れてみたいと思う。

話をザリスキー教授の話にもどそう。私がハーバード大学で師事していたザリスキー教授は、前世紀の末年（一八九九年）、ソ連とポーランドの国境あたり（現・ベラルーシ）に生まれた人だった。ユダヤ人であったために、彼は苦難の人生を強いられたらしい。二十歳前後で、イタリアに逃れ、ローマで勉強した彼は、第一次大戦後米国に移住して国籍を取り、やがてハーバード大学の数学教授として招かれたのである。

ザリスキー先生は非常に厳格で、弟子には煙たがられる存在だった。いかに厳しい先生だったかということは、勤続年数が長いわりにその門下生から博士号をとった学生の数が、きわめて少ないことをとっても明らかであった。ザリスキー教授は三十年ほどハーバード大学に勤めたが、その弟子の中で博士号を取得したのは、わずかに十人ほどしかいない。三十年も勤続すれば、その間にふつう四十人くらい、最低でも二十人の学生に博士号を贈るのが常識なのである。

それよりもまず、ザリスキー先生はあまり弟子をとらなかった。よしんばとったとしても、すぐに他の教授へ押しつけてしまうところがあった。

私が留学した時も、最初は同期の弟子は私を含めて五人だったが、いつの間にかそのうちの二人は他の教授のもとに回されて、残るは三人になっていた。つまりは徹底した少数精鋭主義だったのである（余談だが、現在ハーバード大学の数学教室に飾られている功績者の胸像の中で、生存中につくられたのは、このザリスキー教授ただ一人である。その門下生からフィールズ賞受賞者が二人も出たなどの功績によってである）。

こうした厳しい師につけたことは、私にとって幸運だったといえる。彼は数学の主任教授であり非常に多忙だったので、質問する時間もあまりなかった。その点に難ありともいえたわけだが、幸運なことに、その分をおぎなって余りある同級生に私は恵まれたのだ。

一人はマンフォード（Mumford）という同級生である。彼は私より五つ年下の二十一歳でハーバード大学院に進んできた学生だった。一体に米国の大学は、学部を卒業した学生は同じ大学の大学院に入れないという不文律があったが、それでも十年に一度ぐらい、この学生だけは他の大学へ出さずに、そのまま当大学の大学院生として採用しようという場合がある。もちろん、採用される学生はとびきりの英才に限られる。マンフォードはハーバード大学の学部にいた頃から、そういう数少ない一人として目をつけられていた俊才だった（彼は私の次に、一九七四年、フィールズ賞を取り、現在、ハーバード大学の数学教授をしている。専門は私と同じ代数幾何で、この方面では世界的権威とされている）。

残る一人の同級生はアルティン（Artin）といって、私よりは三つ年下だった。彼はプリンス

ブランダイス大学の助教授時代に初めて買った愛車の上に乗って

トン大学からハーバード大学院に進んできた。先生の心胆を寒からしめるほどの、目から鼻へ抜けるようなところがあったマンフォードと違い、アルティンは性格もヌーボーとしていて、それほど目立たない存在だった。しかし、彼は何が本質的で将来性があるかを見抜く眼力にかけて、また非常に優れた発想力をもっていることにかけて、マンフォードとは一味違った優れた才能と資質をそなえていた（アルティンは現在、マサチューセッツ工科大学の数学教授である。特に、代数幾何における独自の近似理論で、その名が世界に知られている）。

二人とも、商人の子として大家族の中で育った私とはまるで違った典型的な英才教育の家庭に育った、生まれながらの天才たちである。

私は自分のこの時代のことを語る時、人からよく、「そんなにできる人たちと席を並べていて、嫉妬は感じなかったか」といった質問を受ける。私はそのたびに「いいえ」と答える。それどころか前述したように、優秀な彼らと一緒に学べたことは私の幸運とさえ思っている。彼ら二人のおかげで、私のハーバード大学留学時代の勉強は充実したものになったからだ。

マンフォードやアルティンのほかに、私は今日までいずれ劣らぬ英才に何人か出会ってきたが、およそ嫉妬という感情を抱いたことがない。あきらめることを私が知っていたからである。あるいは、あきらめのよさを親から受け継いだのである。

「あきらめる」などというと、とかく消極的に聞こえがちだが、人間、どこかであきらめるということも知っておかないと、いい仕事はできない。学問の世界においても同様で、いいものを創造するために、上手にあきらめる能力を身につけていたことが有効に働いていると確信する。

それは、こういうわけである。

人間誰しも、ライバル意識をもつことは、悪いことではない。他人と競争することによって自分も進歩できることがあるからだ。企業社会において、ライバル会社に対抗する意識をもつことによって企業が成長した例を私たちはしばしば見かけるが、このことは人間関係の中でも通用する場合が少なくないのである。

ところで、このような例を分析して気がつくのは、ライバル意識をもつことによってその人が切磋琢磨《せっさたくま》していく目標の焦点が、さらに鮮明に定まっていくことである。さらに気がつくこと

ザリスキー教授の名誉学位授与を祝して（1981年）。前列がザリスキー御夫妻。後列左から、著者、マンフォード、クライマン、アルティン

は、この場合、ライバルに対して相手の優っている点を素直に認めていることである。相手を認める、極端にいえば、尊敬の念をもつ気持ちがあればライバルが伸びることによって、自分もまた伸びることができるのだ。

だが、ライバル意識がこのようにいい結果に結びつく場合は、比率からいえば、むしろ低いのである。多くは好ましくない結果を生みがちである。

なぜか。人間一人がもつ精神エネルギーの創造に向かう部分の割合は、ライバル意識が嫉妬に変形することによって、おびただしく損なわれるからだ。精神エネルギーとは思考エネルギー、創造のエネルギーなどを含めたエネルギーのことである。それが他人との優劣競争に費やされる分だけ、創造エネルギーは差し引かれてしまうから

だ。

こうなると、他人と競争することによって、自分が挑戦しようとしていた目標の焦点がぼやけてくる。ひいては、いい仕事ができなくなるのである。

つまり、ひとくちにライバル意識といっても、結果として「いいライバル意識」だったか、「悪いライバル意識」だったかの二通りがあるのだ。

ライバル意識がこのように好ましくない結果に結びついた事例を検討してみると、まず第一に、ライバルに対する尊敬の念がないどころか、軽蔑さえしている傾向がある。第二に、その人の中に、ライバルを蹴落とそうとする意識が絶えず働いていることが見てとれるのだ。

つまりは、ライバルに対して嫉妬しているのである。嫉妬心が、精神エネルギーをすり減らし、判断力を狂わせ、結果的に自分がつき進んでいく目標の焦点をひどく不鮮明なものにしてしまうのである。

嫉妬は人間特有の感情であり、それは万人に等しく生じるのだ、と心理学者はいう。確かに学問の世界だけではなく、日常生活の中でも、私たちはともすると、羨望の念を超えて他人を嫉妬しがちである。専門家ではないから、私はこの不思議な感情について説明できないけれども、いずれにせよ、嫉妬は、ものを創造しようとする人間にはまことに好ましくない感情である、と断言しておきたいのだ。

では、どうするか。ここで、あきらめることが必要になってくるのである。

〽およばぬことと　あきらめました
　だけど恋しい　あの人よ

この歌は『雨に咲く花』という戦前に作られた歌だそうだが、私は、留学生活をしている中で、たびたびこのフレーズを口ずさんだものである。確かに、およばぬこととあきらめなければならないと思うほどの優秀な人間が、世界にはごまんといるのだ。ハーバード大学時代の友人のマンフォードがそうであり、アルティンがそうであった。そういう優秀な人間にいちいち嫉妬していてははじまらない。だから、問題を解く上でそうした英才に打ち負かされたり、彼らに自分とは格段の才能を見せつけられたりした時など、私は一人、この歌を口ずさんではあきらめていたのである。

「あきらめる」というが、すべてをあきらめるのではない。自分の目標をしっかりと踏まえたまで、あきらめるのである。そうすると、人間、嫉妬心は生じないものだ。そして、他人に嫉妬する心がなければ、自分の精神エネルギーはいささかも損なわれることもなく、判断力も狂わない。ひいては、それが創造につながっていくはずなのである。

あきらめる技術を知っておくこと。そのことは、ものを創造することにつながる精神エネルギーをコントロールしたり増幅したりする上で非常に大切なことの一つだと、私は考える。

失敗体験と「素心」

「あきらめる」ということに関連して、もう一つ、私の体験談をつけ加えておきたい。

京都大学の学生時代、家からの送金はなく、私は学費を捻出するためと、時折り弟に仕送りをするために、週三回の家庭教師のアルバイトをしていたが、その中の一人に、小学生の男の子がいた。私は、その子を教えるにあたっては相当手を焼いた。

彼は、頭のいい子だったが、勉強好きな生徒ではなかった。私が教えて「わからない」ことはなかったし、事実、その日教えたことを問題にして出すと、ちゃんと解けるのである。

ところが困ったことに、全然復習しない彼は次の日になると、前日に私が教えたことをきれいさっぱり忘れてしまうのである。ある時、そうしたことがたび重なったので、私は、業を煮やして、「この前はちゃんと理解していたのに、どうしたんだ」と、尋ねた。すると、その子は非常に素直な明るい顔をしてこう答えたのである。

「ぼく、アホやし」

私は返す言葉がなかった。

もし彼が「復習せんかったし」と答えたら、たぶん私は「なんで、復習せんかったか！」と、雷を落としていただろう。「実は、よう聴いとらへんかった」と答えたとしたら、「俺の教えることを、なんで聴かなかったか！」と、叱りつけたに違いない。

が、「ぼく、アホやし」では、しようがない。怒ることもできなかった。

しかし、あとで気づいたことだが、その子は私に、素晴らしい知恵を授けてくれたのである。

数学という仕事をしていると、問題を九割がた解けながら、あとの一割が解けずに行き詰まることがよくある。それは、一歩間違えれば神経衰弱に陥りかねないほど、数学者には危険な状況なのであるが、といって九割までこぎつけたのだから、おいそれとその仕事を放棄することはできない。ここは一番、ねばり強く勝負をかけてみる必要がある。

そのような時、私は、かの男の子の名言を声に出して唱えるのである。「ぼく、アホやし」と。すると、頭がすっと楽になる。憑《つ》きものが落ちたみたいに目の前が明るくなって、心にゆとりができてくるのだ。

どうせ私はアホなのだから、できなくて当然、できたら儲けものといった気持ちになるのである。つまり、「ぼく、アホやし」という居直りが、行き詰まった状態を解放してくれるわけである。

もちろん、このように居直っても、あとの一割がどうしても解けない場合もある。だが、この居直り一つで思考のエネルギーがよみがえり、発想ががんじがらめの縄から解き放たれ、その一割がさほど苦労せずに解けたという経験が私にはある。

「およばぬこととあきらめました」と、あきらめ、「ぼく、アホやし」と、居直ることは、学問を離れた日常生活の中でも、大事なことではないかと思う。

このようなあきらめの技術、居直りの知恵は、大失敗をしたショックから人を立ち直らせるのにも、効果的である。

話はコロンビア大学の教授になった時（昭和三十九年、三十三歳）に飛ぶが、その頃私は大失敗をやらかしたことがあった。

その頃私は、非常に面白いアイディアが浮かんで研究価値の高い、私がいうところの「いい問題」をつかんだ。このテーマで、数学の理論を完成させようと考えたのである。

それは幾何学的な問題で、概略をいうと、無限級数（数列の和）を用いて定義されたデータを、有限級数で有効に表現できないか、といった近似問題だった。

私はこの問題に熱をあげて、まず、一次元、二次元といった低い次元で研究した結果、うまい方法を見つけることができた。私は半年ほど費やして得たその研究結果を、ハーバード大学のセミナーで発表した。

その時のセミナーには、ハーバードの教授ばかりではなく、他の大学の教授も少なからず参加していた。

私はハーバード大学のセミナーに集まった錚々《そうそう》たる教授や学生を前にして、自分が創った理論を発表した。

すると、聴いていた一人、マサチューセッツ工科大学のある教授が、発表を終えた私に、「君の理論は美しい、最高だよ！」と眼を輝かしながら、いったのである。

「美しい《ビューティフル》！」

数学者にとって、これにまさる賛辞はないだろう。バートランド・ラッセル（一八七二〜一九七〇。イギリスの数学者）という人が、かつて「数学は、適切な見方をすれば、真理ばかりでなく、崇高な美しさをもっている。その美は彫刻のように冷たくおごそかで、人間の訴えるものでなく、また絵画や音楽のように華やかな飾りももたない。しかも荘厳なほどに純粋で、最上の芸術のみが示しうる厳格な完璧さに到達することができる」と数学の美について語ったことがある。「美しい」と表現される数学は、まさに賞賛を意味しているのである。

そういうわけで私は、すっかり嬉しくなった。同時に、この理論を三次元、四次元とパラメーターの数を増やす中で表現し、最終的には、一般論にまで高めてやろうと決意したのである。

二年間、私はその研究に没頭した。だが、結局、行き詰まったのである。

こうして私が、この理論を一般化するのは不可能ではないか、と音《ね》をあげかけていた頃だった。ある日の深夜、先輩にあたるハーバード大学の教授から思いがけない電話が自宅にかかってきた。私は、彼の言葉を聞き終えぬうちに、受話器を持つ手がわなわなと震え、急に力がなくなっていくのが自分でもわかった。「ドイツ生まれの若い学者が、お前の理論に似たようなのを、一般論として完成したらしい」彼は、いくらか同情まじりにこういったのである。

私はつとめて気持ちを冷静にして、一体、その学者はどんな方法を使ったのか、と尋ねた。

「何でも、ワイヤストラスの定理を使ったらしい」という答えである。

「ワイヤストラスの定理」は、十九世紀、ドイツの数学者ワイヤストラス（Weierstrass）によってつくられた定理である（「ワイヤストラスの定理」は、二重級数定理、特異点に関する定理、コンパクト性に関する定理、有理形関数の展開に関する定理、コンパクト集合上の実数値連続関数に関する定理など数多くあるが、この場合は、「ワイヤストラスの予備定理」と呼ばれるものである）。

その定理の名を耳にした時、私は、心中「あっ！」と叫ばずにはいられなかった。二年間にわたって取り組んできた問題が、まさしくその定理を使うことで解決できることが、直観されたからである。

受話器を置いて、ようやく茫然自失の状態から脱すると、私は行き詰まっていた問題箇所に「ワイヤストラスの定理」をあてはめて考えた。果たして私には、解決の全貌がそれほど時間を要せずに見えたのだ。先輩教授は「らしい」と言葉をにごしたが、ドイツのその若い学者は間違いなく、一般論としてその理論を完成したはずである。

二年間も費やして取り組んだ数学の理論が、若い学者によって解かれたことの事実は、大きなショックであったが、しばらくして、私はそのショックから立ち直ることができた。なぜか。「およばぬこと」とあきらめ、「ぼく、アホやし」と、居直ったからである。また、そういう風に頭を切り換え、前向きに思惟《しい》をめぐらしていかなければ、次の新しい問題に取りかかれないし、ひいては新たな創造に旅立てないのである。数学という学問はそういうものである。

ところで、私はこの時の大失敗で、ものを創造していく上で、おそらく最も大切だと思われることを学んだ。

例の電話があった夜、一睡もできなかった私は、翌日、不眠と衝撃でどんよりした頭をかかえて、ボストン郊外の独立戦争ゆかりの地で知られるコンコードという町近くのコルドバのミュージアムに行った。とにかく人目につかないところに行って、独りになりたかったのである。そのミュージアムにある大きな樹の根っこにしゃがみこんでいろいろと思索した。

思索するというよりも、周囲の光景を見るともなしにぼんやりと眺めていた。時はむなしく移っていった。人が見たら、その時の私の姿は、尾羽《おは》打ち枯らした寒鴉《かんあ》のように見えたに違いない。無駄に費やした二年という歳月の重みが双の肩にのしかかってきて、私は、ほとんど息切れしそうだった。その二年間に他の数学者がどんな充実した仕事をしてのけたかと思うと、むなしくもあった。

だが長い間、土偶のようにじっとそこでぼんやりしているうち、私は、どうして二年間の泣血《きゆうけつ》の努力をしたことが実らなかったのか、改めて考え出していた。

「ワイヤストラスの定理」は一世紀も前からあるのだ。しかも私は、かつてその定理を用いて成功したことがあった。

にもかかわらず、今度はどうしてこの定理を用いればいいことに気づかなかったのか。

思いあたることがあった。きっかけは、ハーバード大学のセミナーで研究発表した時、マサチューセッツ工科大学の教授から、「美しい《ビューティフル》！」と賞賛されたことである。これに非常に気をよくした私は、以後、自分の方法に固執するようになったのである。そして、固執は偏見を呼び、その偏見にまた固執して、そういう悪循環をくり返すうちに、ついには、物事を新しい角度から観る態度が妨げられて、つい自分の偏見で一方的に観てしまい、「この方法で解けなければ、現代数学で解けるはずがない」という、巨大な偏見が私の中に形成されていったのだ。

私は二年間にわたって、この偏見に向かって突進したわけである。それはひたすらひねくれ、問題をこじらせ、迷路に迷い込むための時間帯だったともいえる。

人は一つの成功経験によって、ともすると素朴な心を失ってしまう。自分が失敗したのはそのためだ。問題に対して素直であり続けることができたら、素朴な心を保てたら、私は原点に立ち帰って、自分の方法を詳細に点検したであろう。そしてその過程で、かつて自分自身が用いて効あった「ワイヤストラスの定理」が鍵となることに、気づくことはそれほど難しいことではなかったに違いない。

素朴な心、「素心」を失わないこと。創造の方法の基盤となるのはそれではないか。そう思いついた時、はや黄昏《たそがれ》せまっていた大樹の下で、私はいくらか元気をとりもどしたのである。

私は人に求められて色紙にサインをする時、「素心深考」と書く。素心深考と書くのは、「素朴な心に帰って深く考え直せ」と私は自分で自分にいい聞かせているからである。これも、あの時の状況が強烈に私の意識に残っていることの表れであろう。

ところで、私はこの本の拙稿中で、人が学び続けるには、小さくとも「成功経験」を数多く積んでいく必要がある、と語った。そのことは創造の段階に進んでからもあてはまることである。小さなものを創ることに成功しては気をよくし、その快感が次の大きな創造を招き寄せることが、よくあるからだ。

だが、凡人が素晴らしいものを創造するには、成功経験を積むだけではダメなのではないか、時には成功に賭けたと同じくらいの努力をして大失敗の経験をする必要があるのではないか。今の私はこう考えるのだ。なぜなら、創造性の本質も、創造の具体的な方法も、またその基底にある大切なことも、天才ではない私たちは、失敗することによって、身をもって修得していくほか道がないと思えるからである。

失敗によって身につけたそういうノウハウをひっさげて、より優れた創造へと挑戦していくほか手段はない、と考えるからである。

事実ということ

「素心」ということが、ものを創造する上で、なぜ大切なのか。それを考えてみる前に、数学という学問の特徴は何かという点を述べたい。そして、数学の一研究者として創造を続けていく上で、常々私がどういうことを自分にいい聞かせているかに触れておきたい。これは一数学者としての研究態度であると同時に、一人の人間としての生活態度でもある。

まず、数学という学問の特徴であるが、これには四つのことが指摘できると思う。第一の特徴は、数学という学問には、正確な「技術」が要求されるということである。方程式であれ、微分積分であれ、幾何であれ、問題を正確に解けなければ、数学という学問は成り立たない。

第二の特徴は「思想」としての側面をもっている点である。数学はあらゆる科学の基本であるといったが、例えば農耕を主としたエジプト文明は幾何学や数の演算法を発展させ、海洋民族であったギリシア人は科学の源を築いたように、ものの見方、自然観といったものが非常に数学に影響を与えているのである。

第三の特徴は、数学の本質ともかかわることであるが「抽象性」の強い学問であることだ。いろいろな現象そのものではなく、その中に何か共通した技術や見方がないかを、かなり抽象化して考えるのが数学の特徴である。調和と秩序の美しさを要求されるのもそのためだ。

第四の特徴は、数学には「国際性」があることだ。カントールが「数学の本質はその自由性にある」といったように、究極的には、利害関係やお国柄などにまったく関係しない、完全に自由でオープンな世界が数学の世界である。

以上のように数学には、「技術性」「思想性」「抽象性」「国際性」の四つの特徴がある。では、そういう特徴を理解した上で、私自身がどのような学問的姿勢をとってきたかを語ることにしよう。とはいっても、それは学問的姿勢に限らず、一般的な人生の生き方を考える上でも大切なことである。

まず第一に、何が「事実」で何が憶測であるかをはっきり見極め、事実は事実としてありのままを受け止めなければならないということである。

「事実《ファクト》」というものは、例えであるが、こちらが七顚八倒しても逆立ちしても、変えることのできない、動かすことのできない厳粛なものである。こういうと、何を今さらあたりまえのことを、と人は思うかもしれないが、事実を事実としてありのまま受け止めるということは、いうほど簡単なことではない場合が多いのである。

最近の出版物を見てみると、ノンフィクションとかドキュメンタリーといわれる作品が非常に注目されているが、最近、ノンフィクション作家の柳田邦男氏と「事実」について話し合う機会を得た。

柳田氏の著書『事実を見る眼』の中に、こんな一文がある。

「ノンフィクションの真髄は〝事実をもって語らしめる〟ところにあるとよくいわれるが、この言葉はノンフィクションを成立させている二つの条件を巧みに表現している。二つの条件とは、一つは、語るべき〝事実〟を発掘しなければならないということであり、もう一つはその〝事実〟を読者の共感を得る形で〝語らしめる〟、つまり作品化しなければならないということである。

よいノンフィクションを書こうとするときに立ちはだかる壁は、何といってもこの『事実』を発掘することの困難さである。しかし、なまなかな取材では知り得ないような〝事実〟を提示すればこそ、そこにノンフィクションの醍醐味がにじみ出てこようというものである」


事実を事実として受け止めることが、いかに困難かを柳田氏は指摘しているのだ。

もう一つの例を示そう。人間の脳は、前にもいったように、コンピューターやロボットなどと違って、寛容性というものをもっている。この特質から人間の「知恵」というものが生まれるのだが、逆に、この寛容性ゆえに思わぬ誤りを犯し、事実認識を見間違うことがある。

例えば、ある若者が恋をしたとする。当然、彼の中には、相手にも自分を好きになってくれたらいいな、といった願望が生じる。すると、この願望はいつの間にか、「ひょっとしたら、相手も自分のことを好きなのかもしれない」という淡い期待に変わり、その期待がどんどんふくれあがって、ついには「相手も自分のことが好きなのだ」という確信にまで到達してしまいがちなのである。

なぜ人間にそのような考えができるかというと、寛容性があるゆえに、人はものを少しずつずらして思考できるし、連想と推測によって想像《イマジネーション》をどんどんふくらませていくことができるからである。そして、想像をあたかも事実であるかのように思い込んでしまうことがある。

しかし今、この若者の希望的観測とはうらはらに、事実は、彼女は彼にまるで好意をもっていなかったとしよう。彼女は彼からもしプロポーズされればそれをはねつけるだろうし、あるいはいつの間にか他の男性との恋に走ってしまうということもあるだろう。すると、その男性は彼女に裏切られたと思う。「こんなにまで愛していたのに」と、相手をなじりたい気持ちになる。そして、それが悪くすると、第三者に害を与えるまでに発展することもあり得るのだ。

毎日の新聞やテレビなどで報道される、人と人との間に起こったトラブル、事件、大は国際紛争に至るまで、憶測と事実を混同することが直接、あるいは間接の原因になっている場合が割合多いのだ。

米国のニクソン元大統領が辞任に追いこまれた日、「私が何をやったというのか」と泣きながら、彼はかがみ込んだという。ウォーターゲート事件を、それに関連する事実をありのまま事実としてさらけ出し、適切な処置と責任を国民の前で正していれば、大統領辞任まで直結しなかっただろう。事実を隠蔽しようとし、事実をまげて形をつくろうと無理に工作したため、隠蔽と反事実の積み重ねが、大統領の権威というイメージに安住した希望的観測が、判断を誤らせて大事件に至ったといえる。

また、「先入観」という言葉があるが、数学の問題を解く態度においても、あるいは、相手の人間を評価する、相手の気持ちを汲みとるという場合においても、この先入観というのがしばしば妨げになることがある。

数学の問題を解こうという時に、初めから答えがあるというよりは、どちらに転ぶかわからないという問題設定がある。一方、人間に対する評価でも外見上の印象や周囲の人の意見にふり回されて、その人の正しい評価を見誤ることがある。いずれも先入観が強すぎて、客観性が失われてしまっているのである。

「杞憂《きゆう》」とか、「取り越し苦労」も事実認識を曇らせ、トラブルを起こす要因になる場合がある。例えば、自分が患っている病気に対する不安がつのって他の病気まで併発することもあり、仕事に対する不安が大きくて自分のもっている実力さえも十分に発揮できない例は枚挙にいとまがない。

このように希望的観測も、先入観も、取り越し苦労も、事実と憶測との間の「ずれ」を見抜けず、事実でもないことを事実と思い込んでしまう点に、そもそもの誤りがあるのである。いいかえれば、事実を事実としてそのまま素直に受け入れず、事実と想像との境界を混然としてしまっているのである。

こうはいっても、事実を事実としてありのまま受け止めることは意外と難しい。難しいからこそ、私はこれを常々自分にいい聞かせているのだ。さもなければ、生活していく上でも、学問する上でも、とんでもない誤りを犯しかねないからである。

どこまでが事実で、どこからが希望的観測、あるいは憶測であるかをはっきり認識することが、大切なことである。

「目標」と「仮説」

また、学問する上でも、非常に大切なことに「目標」を定めるということがある。

なぜ大切なのかというと、人は目標を定めないと、前に突き進んでいく精神エネルギーが生まれにくいということがあるからだ。

目標をはっきりつかんでいるかいないかで、人間の成長はかなり違ってくるともいえる。必ずしもその目標に到達することが重要というより、目標がその人への引力となって、仕事ができ、発展進歩するからである。

それでは若い読者の中には、「大学受験を目標に勉強することも意義があるだろう」という人がいるかもしれない。確かに受験勉強も若い時代の一つのチャレンジとみれば意義はある。それは、あくまでも一時的に限定されたチャレンジではあるが、ちょうど高校野球の選手たちが郷土の名誉と母校の誇りのために甲子園で大いにハッスルプレーをする経験が将来、スポーツを職業としなくとも社会の荒波を乗り切っていく精神力の糧となり得るように、受験勉強を特殊な知的スポーツとしてとらえ、緊迫感を切り抜ける精神力と知恵を育むためのチャレンジとみれば、そのことも貴重な経験であり得ると思う。

だが、やはりそれは一過性のもので、その目標は大学に合格した途端に雲散霧消してしまいやすいものがほとんどである。もっと大きな視点、例えば、人生の目標といった観点から考える勉強もあるべきだろう。

とはいっても、「大学受験」が人生の目標にならないと切り捨てていっているわけではない。大学に合格したとたん目標がなくなってしまう受験の勉強の仕方より、大学に入り、実社会に出ても色褪せない目標があるべきだといいたいのである。勉強は何も大学に入るまでのものではないはずだ。

私自身の体験でも、受験勉強は貴重であった。私も、大学入試の前の三ヵ月間は一生懸命全力を尽くして受験勉強をした。「社会」は弱いからこれだけ時間をかけよう。「数学」と「英語」は自信があるが、もう一度復習しておこう。「物理」はこの程度に、「国語」はこの程度にと、限られた時間の中で、最大の効果をあげるべく計画を立てて努力した。

他人と比較する必要はまったくいらない。自分自身に目標をもつこと。友人がどの科目をどの程度まで勉強しているかまったく気にしなかった。私より勉強が進んでいるかなと思う友人も何人かいたが、それも気にしていたらはじまらないと思った。この体験は、後に数学者になって、自分より明らかに頭がいいと思える数学者たちと交わっても少しもへこたれず、自分独自の研究課題を追究していく姿勢にかなりプラスになっていると思う。

こうしてみると、目標そのものも大切なことであるが、その目標へ押し出すエネルギーがより重要な意味をもっているのである。このことは学問や芸術の世界でも通用することである。

ノーベル物理学賞受賞者の江崎玲於奈氏（米国IBMワトソン研究所主任研究員）から伺った話だが、物理学や工学の研究においても、科学者たちが予測したとおりの結果が出ることもあるが、到達した目標よりも、そこに達するまでの過程で意外な大発見があったり、最初の目標からはずれたために結果として大発明のきっかけをつくることが多いという。その幸福ともいえる新発見も、一つの目標を立て、たゆまざる努力（エネルギー）を行なったことの結果であることはいうまでもない。例えば、カビの基礎研究過程からペニシリンが発見された事実は、その好例であろう。

話が「目標」ということに集中してしまった。同じ意味あいではあるが、「仮説」ということにも触れてみよう。

この「仮説」ということについては欧米人と日本人では、考え方がかなり違う。欧米人はまず仮説を立ててから演繹するという考え方が強い。

私はよく、米国の学生に向かって、

「君たちは今どういうことを研究しているのか」

と質問することがある。そうすると、彼らは、まず自分のもっている仮説を説明する。ところが、日本の学生に同じような質問をすると、大抵、

「私は代数を勉強しています」

「幾何を勉強しています」

という答えが返ってくる。

要するに、米国の学生はまず仮説を立てて、それからいろいろ演繹してみて、ダメだったらその仮説を変えればいいという考え方をするが、日本の学生は、とにかく何かを勉強してみて、それを足場にして論文を書いてみようと考える。そして、それがつまらなくなってきたら方向を変えて何か新しい方向を決めればいい、それまでのやり方を改良していけばいい、こういう研究態度が非常に多いのである。

仮説を立てるということは、ある意味で勇気のいることである。というのは、数学の分野でも物理の分野でも、初めに立てた仮説は大抵ダメだというジンクスがあるからだ。

しかし、仮説を立てて一生懸命研究しているうちに意外な発見が生まれるのである。だから私は、初めに立てた仮説はダメなものでも、やはり仮説は立てなければならないと思う。

そういう意味で、若い読者諸君が今後、創造的な仕事をしていこうとするならば、この仮説を立てて演繹するという考え方をもっと採り入れるべきだと思うのである。

分析と大局観

事実を事実として認めた上で、仮説（目標）を立てそれに向かって前進していくには、具体的な方法論として、事象を徹底的に「分析」することが必要になってくる。

分析とは何か。そのことを説明するには、城攻めの例を引くのがよさそうだ。

ここに難攻不落を誇る天下の名城があって、それをある武将が是が非でも攻め落とし自分のものにしようと目標を定めたとする。この場合、いかなる名城でもわが大隊をもってすれば一気に攻め落とせるだろう、「それ行け！」と命令を出すとすれば、それは二流、三流の武将といえる。一流の武将は、城の構造や、その周囲の地形や敵の兵力などの条件をバラバラに解体して考究するに違いない。これがすなわち、分析である。

人は生きていく中で、およそ想像もつかなかった難しい問題に出くわすものである。そのような時、棚からボタモチ式に問題をひとまとめに解決しようとする態度は、右の例でいえば、城の周囲を包囲して一気に攻めこんでいく態度に等しいのだ。その姿勢では難攻不落の城は落ちないのと同じように、難しい問題は解決できないに違いない。

そこで、分析ということが必要になる。問題をバラバラにして一つ一つを深く考え、あたかも武将が針の穴ほどの攻め口をさがし求めるかのように、解決の糸口を見出すことが必要なのである。

過去五百年、欧米の、特に自然科学の発展がめざましかったのはほかでもない、欧米人が東洋の人間とは比較にならないほど、この分析において優っていたからだ。そのことは数学の世界でもいえる。

例えば、日本の江戸時代の数学者である、関孝和（？〜一七〇八）の残した業績を見ても、発想の点では同時代の西欧の数学者と比べても甲乙つけがたいが、分析能力において、はるかに力不足なのである。

ある哲学者が指摘するところによれば、欧米人は一つの問題があると、それをいろいろな要素に分けて、あらゆる角度から徹底的に調べ上げる。これに対して東洋人は、一つの問題があるとそれに似たような問題をどんどん集めてくる。いわば大きな知恵袋をもっていて、その袋の中に似たような問題をつめこんでいく。そして袋はやがて宇宙的な大きさになって、従ってその内容に関する議論も宇宙的な議論になって、最後には初めの問題などはどこかに消え失せてしまう、というのである。私の経験からいっても面白い指摘だと思う。

ところで、分析の方法には大きく分けて、「象徴的な分析」と「論理的な分析」があると思う。象徴的分析というのは、例えば、人間には肉体と魂とがあるということを一つの象徴としてとらえ、そこから考えていこうという種類の分析である。この分析法は、少々のあいまいさは残るが、ある程度の分析をして全体像をとらえるというやり方であり、一般に東洋人が得意とするところであろう。

一方の論理的な分析というのは、とにかく論理的に説明できる要素を決め、それを組み立てていくというやり方である。ただこの分析の欠点は、論理的に説明できない部分は無視するというか、あきらめてしまうために、結局は全体像をつかむまでにいかないというところにある。

この二つの分析の仕方にもう一つ、「極限分析」という考え方がある。

イタリアで十四世紀頃から始まったルネッサンスは、十五世紀、十六世紀になると全ヨーロッパ的な広がりを見せ、ガリレイ、ケプラー、ニュートンといった素晴らしい科学者が登場してくる。こういう人たちの研究を見てみると、共通して「極限分析」という考え方があることに気がつくのだ。

「極限分析」というのは文字どおり、一つの問題を極限まで徹底的に追究して、非常に単純明快な結論を引き出すということである。例えば、「物体落下の法則」というのは、ガリレオ・ガリレイ（一五六四〜一六四二。イタリアの物理学者）がはっきり打ち出したものだが、これは真空状態のものではどんな物体でもその形や性質、大きさ、重さに関係なく、一定の加速度が働くという原理なのである。

では、「分析」には何が大事か。

私は、数学という学問の特徴の一つに「抽象性」をあげた。この抽象性ということが今述べた「象徴的な分析」や「極限分析」に大いに関係するのである。

例えば、山あり谷ありのデコボコな地球という惑星を「球面」と見る見方をする。なぜそんなことをするのか。デコボコであるということを捨て去って、地球の大局的な特徴をとらえて「球面」と象徴したほうが、地球の自転や運行に関する計算がより単純明快に理解できるからである。

抽象は具象と対置する言葉で、一般には具体的な条件、要素、事象をどんどん無視して、最終的な、普遍的な根本原理を見出す方法論である。「地球は球面をしている」という具合に、全体の特徴をとらえて象徴することも、抽象という言葉の意味に含めてよいと考える。

いずれにせよ、分析には事象を抽象化することが必要なのである。抽象のない分析は、問題の解決にはつながらないことが多いのだ。

私たち数学者が理論を創造するために分析の仕事をすすめる上でも、抽象が必要だ。具体的な要因を可能な限り無視し、制約的な条件を片っぱしからはずしながら、普遍性を増大させていくのである。数学は「抽象の学問」といわれるくらい、それは数学者にとって大切なことである。

数学には、また「表現」という側面がある。抽象によって生まれた概念を、イメージのはっきりした具体的な状況で再表現するのが、数学でいう「表現」である。なぜ、そんなことが必要なのかというと、あまりに抽象的な概念は、論理的には正確であっても、何のことかよくわからない場合が多い。だが、それが具体的な問題を通して表現された時、その意味が、なるほどと理解されるからである。

この表現には、概念を忠実に表現する態度と、概念を象徴的に表現する態度とがある。つまり、後者の表現の仕方は、私が抽象のもう一つの意味として考えている、「象徴」にのっとったやり方なのである。近代数学の中では、この表現論が非常な発展をとげている。

それはともかく、数学にある抽象と表現という二つの側面は、芸術の中では、特に音楽に共通するものだと思う。数学者に音楽愛好家が多いのもその点で、心情的に自然に溶け込んでいるからだと思う。音楽の美しさというのは、音の美しさである以上に、音の構造の美しさであると思う。近代数学でも、構造というのが非常に大切だ。音楽の構造の選択というのは、美感に頼っているところがある。それと同じようなプロセスが数学の構造の選択にもあって、美感というものが大いに役立つのである。

だが、人間のクリエーションにはいろいろなものがあって、それらが総計されてクリエーションになるわけだ。だから、何と何を学べばクリエーションができるというものでもない。従って、そこのところでもっと基本的、基礎的な訓練が必要なわけだ。音楽と数学というのは、クリエーションの態度という点で、非常によく似ていると思う。

私は前述したように中学時代に音楽に凝ったが、それが無駄ではなかったと思うのは、右の理由からである。

話は横道にそれたが、「分析」ということの真の意味をご理解いただくために、以上の話を参考にしてもらいたいのである。さて私は、分析がいかに大切であるかを述べてきたわけだが、一方で、分析には限界があることを忘れてはならない、と思う。

例えば、最近はトモグラフィー（断層撮影法）という撮影法が発達してきて、人間の頭脳の構造や、血液の流れ方など、細部の変化が分析できるようになった。しかし、そのように細部を分析してデータを積み重ねても、なお、解けないことが人の脳にはたくさん残っている。

神経細胞というのは面白い特性をもっていて、ある限界を超える刺激にだけはっきりと反応す

囲碁の「大局観」や「捨て石」は、学問的創造にもつながる

る。神経細胞がすべての刺激に興奮していたら頭の中は破裂してしまう。また神経細胞は刺激がある一定の限界を超えると急に反応し、その興奮のさめ方は刺激がなくなって徐々にしかさめていかない。

だが、もっと総合的な精神活動、例えば愛情とか意欲とかいったものを果たして、個々の神経細胞の刺激と反応の組み合わせとして説明できるものか。そういう方法に限界があるのではないか。高度の精神活動のほとんどは脳の細部を分析しただけではわからないのである。

つまり、分析がいかに周到で緻密であっても、最終的には解けない問題がこの世にはたくさんあるということだ。分析だけでは限界があるのだ。

別の視点からいえば、すべてのものにグローバルな特性があり、大局的構造をもっていることを認識する必要があるということだ。例えば、野球でいえば、非常によい選手を集めていれば絶対に優勝するかというと、そうではない。チーム力は個々の選手の力を足し算しただけでは出てこない。共同活動というのは足し算である限り、あまり価値がなく、掛け算であるところに意味がある。それがグローバルな特性なのである。

グローバルな特性の一つに、機運というものがある。何かのきっかけで意外な力を出し、意外な成長をとげる。機運とか調子とか、普通の尺度では測れない一つのまとまりとしての特性もあるのである。とはいうものの、グローバルな特性というのは、それぞれの立場、それぞれの問題、それぞれの研究課題、それぞれの人間について考えなければならないわけで非常に難しいことだ。しかし、そういうものがあるという事実、そのために意外な可能性があることを知っておかなければならない。

このグローバルな特性というのは、囲碁や将棋でいう「大局」にもつながるだけでなく、あらゆる世界に必要なことであるが、特に問題に出くわし、分析しても解決の糸口が見つからない時、大局を見ることが大切になってくる。すると、意外に、解決への手がかりが見つかることがしばしばあるのだ。

「単純明快」ということ

私は、さらに単純で明快であることを、問題を解く上で自分にいい聞かせている。このことについては、特異点の解消にあたって、貴重な示唆を与えて下さった、有名な岡潔《きよし》先生（一九〇一～一九七八。数学者）の思い出をまじえながら語ろう。

私が岡先生に出会ったのは、京都大学の大学院に入った頃だった。当時、先生は奈良女子大学の教授を務めておられた。フランスなどでは先生の理論が、盛んに応用化されていた。私はその岡先生の京大での特別講義を聴いたのである。

私は岡先生のその時の講義を正確に記憶しているわけではない。だが、先生の話は、正直なところ私には面白くなかった。理由の一つは、内容が高邁《こうまい》すぎて、当時の私が数学の中でやっていたこととは縁がない、雲上の話がほとんどだったからだ。もう一つの理由は、数学を語られているのか、哲学を語られているのか、宗教を語られているのかわからないぐらい抽象的だったからである。

「数学上の問題を解くには、方程式を書いてコツコツやってもはじまらない。仏の境地に達すれば、何だってスラスラ解けるものだ」こういう表現だったかどうか正確ではないが、確か先生はそういう意味のことをおっしゃったと思う。

聴講していたほかの学生たちは、先生の口からほとばしる神秘的な表現、深遠な哲理に、ほとんど酔っているかに見えた。確かに先生の講義は、皆がかつて一度も聴いたことのない斬新な内容だった。知名度の高さにほだされていたこともあろうが、皆は何かの教祖を崇めるような眼を先生に向けていた。

私は二時限目の講義にも顔を出した。先生は依然として、縷々《るる》とご自分の高邁な哲理を語られていた。

私は講義半ばで教室から退出した。こういう先生の考え方についていっては、数学ができないと思ったからである。

先生は要するに、数学をやるには技術を超越しなければならない、こういわれたのだ。現に岡先生は、弟子入り志願者がいると、どこかの禅寺に連れて行って、坐禅を組ませたり、道元の『正法眼蔵《しょうぼうげんぞう》』を読ませたりするという話を耳にしたことがあった。技術を超えなければいい数学はできないことを、そうした方法で教え込まれるのだ。

「技術を超えよ」という言葉は、さまざまな世界でよく耳にする。例えば剣道の世界でも、高段者の大先生は、「技術などにこだわっていてはダメだ。気を錬ることだけ心掛けておけばいいのだ」などという傾向であることを聞いたことがある。そういうスポーツの世界でも、芸術の世界でも、道を極め、悟達した人のいうことには、こういう共通点があるようだ。

しかし、技術を超えよとは、技術を修得しつくした人にして初めていえることで、そうではない、超えるべき技術を身につけていない人には、そういうことができるわけがない。岡先生の講義は、ホームランを飛ばすためのあらゆる技術をマスターした王貞治選手が、高校野球の選手に、「ホームランを飛ばすには、ボールを上からたたきつけるようにしなければならない」というのと、ある面共通していると思う。ある程度まで打撃技術をそなえた選手なら、その忠告に従ってホームランを量産できるようになるかもしれないが、高校野球レベルの選手がそのとおりやったところで、打球は内野ゴロになるのがおちだろう。

だから私は、岡先生の講義をそれっきり聴いたことがない。先生の考えにずるずる引き込まれていく危険を回避したのである。そして、高邁な先生の講義を聴くよりも、数学の技術的な本を読むほうがどれほど今の自分に大切かといい聞かせて、その頃、ガウスの数論を熟読したことを覚えている。

人間は忘れる能力をもつ動物である。人は自分の体験を実にみごとに忘れていく。苦労して学問の技術を学んだ体験も同様で、一つ一つステップを昇るごとに忘れていくようにできている。しかし、階段を昇りつめて、技術を超える境地に達した人が、階下を見降ろして、一番下にいる人に「俺のところへ跳び上がって来い」というのは、やはり理不尽なことではないか。跳び上がったところで、その人は足をすべらして転落してしまうのがおちではないか、と私は思うのだ。

今の私は、確かに数学には哲学の側面があると思っている。なぜなら数学もまた、出発点では人間が考える学問だから、その背景には常に曖昧模糊とした哲学が存在するからだ。哲学がないと、いい数学は生まれない。その意味では当時、岡先生がいわれたことは、現在の段階まで来て、ある程度私には理解できるのだ。

しかし、あくまでも数学は哲学ではないのだ。数学の哲学的側面で貢献しても、それは数学の業績とはいえない。数学には、明確に技術的な側面がある。あるいは、数学にしかない独特の技術が存在するのである。哲学はなければならないが、その哲学が地上に返って、そうした技術の中で構築されないと、数学の業績とはならないのである。

数学は、そのような意味で、技術を超えてはならないのだ、と私は思う。

とはいうものの、岡先生から私は後年問題を解く上で大切なことを示唆されたのである。先生は、やはり偉い数学者だった。

ブランダイス大学に勤めていた一九六三年、日本に帰国した時、私は日本数学会に招待されて、例会で特別講演をした。

私はその時、例の「特異点解消」について講演した。解決は詰めの段階にきていたが、まだ一つの大きな難関があった。けれども私が最も力を注いできた分野なので、演題としてそれを選んだ。

久しぶりに帰国し、日本の錚々たる大勢の数学者を前にして、私は幾分か興奮していた。「特異点解消」の理論をどんな風に説明したらいいか、講演前にかなりの時間をさいて整理もした。その点でも気合いが入っていた。

岡先生は、その時最前列の席に座っておられて、私の講演に耳を傾けておられた。だいぶお歳を召されたなあ、という印象だった。

その時の私の講演内容は長くなるので省略するが、講演終了後に聴講者に向かって、私が、質問がありましたらどうぞ、というと、まっ先に立たれたのが岡先生だった。

岡先生は、「広中さん、そんな方法では、問題は解けません。もっともっと難しい問題にしていくべきだ。あなたのような態度じゃ、問題は解けませんよ」と断言されたのである。「そんな方法」とは、こうである。

私はその時、一番理想的な問題はこれで、これはこういう形で解きたいが、今のところは欲ばり過ぎだから、これこれの条件をつけて、こういう形で解けたらいいと思う。しかしながら、それでも欲をいうように思えるから、もっと具体的な設定をして、これこれの段階までさがって、これを解ければ、ある程度役に立つだろう。そういう風に、問題を理想的な形から下へ下へとさげる式で講演したのである。

しかし、その方法では解けないと、岡先生はいう。私は表面には出さなかったが、内心ではムカッとしていた。先生は数々の業績を築かれた偉大な数学者かもしれない。しかし当時、この「特異点解消」の問題にかけては世界広しといえども、私くらい時間をかけている学者はほとんどいない。また、この問題に関しての業績もいくつかあげているという自負が、私にはあったからだ。だが、何にせよ、偉い先生なのでその場を取りつくろうようにして、私は無言で頭を下げた。

すると岡先生は、こういわれたのである。「問題というものは、あなたのやり方とは逆に、具体的な問題からどんどん抽象していって、最終的に最も理想的な形にすることが大切だ。問題が理想的な姿になれば、自然に解けるはずですよ」表現はこのとおりではないが、おおむねそういう意味のお言葉だった。

私は「ご忠告ありがとうございます」と頭を下げたが、腹の虫は容易におさまらなかった。正直いって、何を勝手なことをいいやがる、という気持ちだった。

しかし、岡先生のその時の言葉は、少なくともこの問題を解く上では、的を射ていたのである。

私は米国に帰ってから、問題に対する考え方を少し変えてみた。理想的な形にしてみたのだ。そして数ヵ月ほどかけた結果、ついに全面的な解決を見ることができたのである。

それはともかく、先生が指摘したように、問題にさまざまな条件をつけると本質を見失うことがよくあるのだ。逆に、理想的な形にスッキリさせると、本質がはっきり見えてくるのである。

それは学問の世界だけのことではない。

例えば、一つの会社を設定する時、ターゲットをしぼりこんで、これこれの町を対象に利潤を得るにはどういう会社にしたらいいかといった考え方では、かえってうまくいかない場合が多いようだ。本質を見失い、会社の運営が姑息になるからである。そうではなくて、一流の企業のように、日本だけではなく世界の市場にも幅をきかせる会社にしようと考えたほうが、会社というものの本質がつかめて成功する率が高いのではないかと思う。

問題を理想的な形にすること。あるいは、無垢な純粋な形にして解きにかかること。これも創造には大切なことだと考える。

なぜそれが大切か。今いったように、解決の方法論の上で役立つからだが、また、結果として単純明快な理論を創造するには、そうした作業をしておく必要があるからである。

この単純明快ということだが、数学の世界にかぎらず、ほかの学問でも最も大切な根本的な理論というのは、すべて単純明快だと私は思うのだ。

先ほど、ガリレイの「物体落下の法則」を例に、「極限分析」というのは、非常に単純明快な結論を引き出すことだ、と指摘した。

ガリレイは、「真空状態のものではどんな物体でも、その形や性質、大きさ、重さに関係なく、落ちる速度に差がない」という結論を導くためにいろいろな実験を試みた。水銀の中にいろいろな物体を落としてみる。そうすると落ちないものが多い。そこで今度は水の中に落としてみる。そうすると大抵の物体はどんどん落下する。金属であればみんな落ちてしまう。しかし、やはり重いものは早く落ちる。それならば空気中でやったらどうなるか。高い所からいろいろな物体を落としてみる。やはり空気中でも重いものは早く落ちるが、速度の差はうんと小さくなる。

そこで今度は、非常に極端な状況を想定して、真空状態の中で物体を落としてみると考える。

そうすると、どんな物体でも落ちるスピードにまったく差がないはずだという推論を得た。まさに単純で明快な原理である。こうした考え方は、ニュートンが「万有引力の法則」を思いつく論理的な経過にも非常によく似ている。

私も一数学者として常に自分にいい聞かせているのは、このようなことである。「いい数学」とは何か。それは実はまだ私にもわかっていないが、その一つの要素は、単純にして明快な理論をもつ数学と私には思えるのだ。「美しい」と感じられる数学は、やはり単純明快に創造されているのである。難しいことだが、少なくとも私は数学に対して、そのような志を保ち続けている。

私がこういう志をもつに至ったのは、米国でともかくも一数学者として身をたてなければならなかったことと、大いに関係している。米国の数学界は、とかく複雑難解を尊ぶ風のある日本のそれとは逆に、単純明快であることを重視する。どちらがいいかはともかくとして、そのような傾向が米国の数学の世界で通用している以上、いやでも私は理論を単純化し明快なものにする努力を惜しんではならなかったのである。

人と人との会話でもそうだが、日本人の会話は、よくいえば表現に機微があり、悪くいえば、単純明快さを欠いていることが多い。

例えば、会議の席上でも自分の意見をはっきりいわずに「自分はこう思うが、某氏はこう反対するし、それも一理あるのだ」といったいいまわしが、日本人の会話にはしばしば見受けられる。こういういい方は米国人には通じない。「ところで、あなたは某氏の考えに賛成なのか、反対なのか」と尋ねられるのがおちである。

この場合、米国人ならば、「自分は某氏と考えが反対だ」の一言で片づける。そして、「なぜ反対なのか」と尋ねられ、これこれの理由で反対する、と反対の理由だけを並べながら、会話は進行していくのである。

つまりコミュニケーションの仕方において両国のこのような違いが、そのまま両国の学風の違いにあてはまるのだ。

くり返すが、私はどちらがいい、といっているのではない。しかし、数学の上では米国のこの単純明快を尊ぶ気風の中で学べたことを、私はよかったと思っている。単純明快に自分の考えを相手に伝えるには、自分の考えに責任をもたなければならない。数学でもそうだ。自分が本当に責任をもてる理論を創るには、それ相応の努力をしなければならない。そして、理論そのものもすっきりした、単純明快なものでなければならないのだ。このことが、例えば特異点解消の問題を解く上でも、非常に役に立ったのである。

以上、私は自分の研究態度、あるいは生活態度として、まず事実を事実としてとらえること、仮説（目標）を立てること、事象を分析すること、それでも行き詰まった時は大局を観ること——以上四つのことを自分自身にいいきかせていると述べてきた。さらに、思考する時、創造する場合には「単純明快」を心掛けることを私は重視しているのだ。

これらのことはいずれも、この章でとりあげている創造のための具体的な方法論として、私が常に肝に銘じていることばかりである。そして、数学という学問の世界に三十年あまり生きてきた中で、実際に役に立ったことばかりなのだ。

「素心」ということ

私は、ある研究に二年間を無駄にした大失敗の結果、たった一つのことを学んだ。前に書いたように、それは、「素心」を失ってはならないということであった。

「素心」とは何か。辞典には「心を潔白にすること」と書かれている。だが、私の解釈はこれとは少し違う。

私たち人間は、日常生活の中で、とかく自分の立場に立ってものを考えがちである。家庭生活を例にとっても、例えば、親は親という自分の立場に立って子供に、「こうなってほしい」と常に思っているのが大半であろう。

よく母親が子供を叱る時に、「あなたのためを思っていっているのですからね」という言葉を使う。だが、果たして本当に子供のためを思っていっている言葉なのだろうか、と疑問に思う時がある。自分の立場とか見栄や体裁でいう場合が少なくないだろう。

だが、このように親子関係だったら、大した問題にならない場合でも、一般社会の人間関係では、自分の希望、願望、主張が原因となって、相手との間にトラブルが生じることが少なくない。

私はこのような時こそ、相手の立場に立ってものを考えること、つまりは相手と一体となって考える謙虚さ、素心が、人間に大切になってくるのではないかと考える。相手と一体となって考えれば、自分が想像もしなかったトラブルの原因が自分もしくは相手の中に見出されることがあるからだ。原因が発見されれば、あとは時間と労力を費やせば、大抵の問題は解決に達するはずである。

素心は、日常生活の中だけでなく、また学問していく中でも最も基本的な条件である。

例えば、数学の問題を一つ解くにも、その問題という「相手」の立場に立って考え、あげくには「問題」が「自分」か、「自分」が「問題」かわからないような、互いに融け合った状態になってはじめて、解決の糸口となる発想をつかんだり、法則をみつけたりすることができるのである。

「天才とは、研究対象である問題と、自分自身と、その二つが区別がつかないまでに一体になる人だ」と、ある物理学者がいったが、むべなるかなと私も思うのだ。同時に、この言葉は、学ぶ上で、創造する上で、また生きていく上で、学生が、学者が、人間が基本的にそなえていなければならないものでありながら、素心を失わないということがいかに難しいかを示しているのである。

話は創造にもどる。私が研究態度として常々自分にいい聞かせていることも、実はこの「素心」の上に立っていてこそ初めて、創造の方法として生かされるのである。

まず事実を事実として認めることが大事だ、と私はいったが、それは憶測、希望的観測や先入観を捨て去って、事実と一体になるということにほかならない。また、仮説や目標を立てても、それと一体にならなければ、前向きの精神エネルギーは生まれない。分析も、それに必要な抽象も、また大局を観るということも、問題と一体になった上でないと、結局はバラバラな方向への努力になりかねないのだ。

つまり、創造の方法論はすべて素心ということを基盤としていなければ、役立たずになってしまうのである。

第3章

チャレンジする精神

逆境と人間

生きることは学ぶことであり、学ぶことには喜びがある。生きることは、また何かを創造していくことであり、その創造には、学びの段階では味わえない、大きな喜びがある——と私はいい続けてきた。このことはどんな人の人生にもあてはまるが、特に学問の世界では銘記すべき事柄であろう。

言葉をかえて表現しよう。学問の世界においては学ぶこと、創造することの喜びはとりもなおさず、考えることの喜びだと思う。どんな分野の学問でも何か新しいものを発見し、創っていくことに本来の意義がある。「発見」と「創造」にこそ、意味がある。単なる知識の受け売りは学問とはいえないし評価に値することもない。さまざまな知識は考えるための資料であり、読書は考えるためのきっかけを提供してくれるものである。

そう思えば、知識を集めることも案外楽しいことだし、読書も苦にならない。耳で聴き、体で感じ、目で読んで考える。考えたあとでは聴いたこと読んだことは忘れ去ってもよいわけだ。覚えていなければならない、忘れてはならないと思うと、学問する前に疲れてしまい、学ぶこと自体が億劫になってしまう。本来、学問はそんなに難しいことではなく、考えることの好きな人間なら誰でも学問することができるし、その喜びを味わうことができるものである。
半世紀にわたる自分の人生で体験して得た結論は、こういうことである。そんな人生観に立って、私の学問論を述べてきたわけであるが、若い読者諸君はどんな印象をもったであろうか。これから先は若い読者諸君の人生について考えてみたいと思う。

それにしても、そもそも創造を生み出す力はどこからやってくるのか。創造性の背景にある重要な条件とは何なのか。話としては前後したかもしれないが、それをこれから読者とともに考えてみたいと思う。

まず、こんな言葉がある。フランスの有名な数学者ポアンカレ（一八五四〜一九一二。数理物理学者）がいった、「創造とは、マッシュルームのようなものだ」という言葉である。

マッシュルームは、キノコの一種である。キノコというと、日本人の私はすぐに松茸を連想してしまうのだが、すなわち、その松茸のようなものが創造だ、とポアンカレはいうのだ。

松茸は、周知のように、地表下に菌根と呼ばれる根をもっている。この根は、きわめていい条件が与えられると次第に円形に広がりながら発達していく。ところが、この好条件がいつまでも続くと、根だけが発達してキノコをつくらずに、ついには老化して死んでしまうのである。植物に詳しい知人の話によると、実に五百年にわたって根だけが発達し、枯死した松茸があるらしい。

では、どうするか。発達してきた根に、ある時点で、根の生長を妨害する条件が与えられなければならないのである。その妨害条件は、例えば季節の変化による温度の上昇あるいは下降といった外界の条件であったり、また、松やにとか、酸性の物質とかの物質的条件であったりするようだ。このような条件が与えられると、その妨害にもめげずに生きるために、根は胞子という形で種子をつくって発達を続けようとする。そうして、やがて松茸となるのである。

創造とは、その松茸のようなものだ、といったポアンカレの言葉の意味を、私は次のように解釈する。

創造には、まず、松茸が地表面下で根を広がらせていくような蓄積の段階がなければならない。だが、いつまでも蓄積だけを続けていては、松茸がキノコをつくらずに枯死してしまうように、人は創造することなく、生涯の幕を閉じなければならなくなってしまうのだ。

仏教の「因縁」という言葉については少し前に触れたが、この言葉を創造性にあてはめて考えてみると、「因」とは、地表下で発達をとげた松茸の根のように、人が親から受け継いだり、周囲の人間から学んだり、あるいは学校で勉強したりしながら自分の中に蓄積していったものではないか、と私は思う。だが、この「因」だけがあれば、創造あるいは飛躍ができるわけではない。

「縁」となるものが必要なのである。

ある時点で、松茸に与えられる妨害条件に相当するものが、人がものを創造する上でも、必要なのである。蓄積を表出させる条件が要るのである。それが「縁」である。ただし「縁」にも二種類あると仏教では説いている。「順縁《じゅんえん》」と「逆縁《ぎゃくえん》」である。実生活では、しばしば、「逆縁」が表出エネルギーとなるということである。

「逆縁」という言葉を一般的な言葉に置き換えると、「逆境」という言葉にあてはまるのではないだろうか。

創造と情念

世の中には、与えられた条件をすべて裏目に使う人がいる。例えば、親から優秀な頭脳を受け継いだがために、自分は人生を誤った、と述懐するような人。逆に、こんなに頭が悪い人間に生んでくれたから、ろくな目にあわなかった、とこぼす人。あるいは、裕福に生まれ育った子供で、「ぼくは二宮金次郎のように貧乏な家に生まれていたら、きっと勉強しただろう」と思うような人などだ。

世の中には、反対に、与えられた条件をすべて自分にプラスになるように受け止められる人がいる。

確か松下幸之助氏だったと思うが、「好況また好し、不況また好し」という意味のことをどこかで語られていた。人生にあてはめると、「順境また好し、逆境また好し」という意味だが、現に、順境を生かし、また逆境も生かし、成功していく人がいるのである。

例えば、重い病気にかかって何年間か入院した人が、その間に読書したり、文章を書いたり、あるいはものを考え続けたために作家となって成功したなどは、その典型的な例であろう。

世の中で成功した人は、大抵、逆境を自分の人生にプラスに取り込んでいく能力をそなえているように私には見える。創造にも、この逆境が深く関係している、といわなければならない。私はその好例をパリで出会った一人の学者の中に見る。

ハーバード大学に留学してから二年目の一九五八年（昭和三十三年）、フランスから一人の数学者が招かれて、ハーバード大学で講義することになった。招待されたのはグロタンディエク（Grothendieck）という数学者で、当時、私が専門にしていた代数幾何学では、かなり名の知れた人物だった。代数幾何に力を入れようとしていたテイトという教授がハーバード大学にいて、その声がかりで彼は一年間、講義することになったのである。

彼は大学の教授ではなかった。ディユドンネという元パリ大学の数学の教授と、モチャーンという数学が好きで財界に顔が広い会社員とが、主に財界から集めた金を資金としてパリに設立した、高等科学研究所（ＩＨＥＳ）という私立研究所の所員だった。ハーバード大学に招待されるほどの有能な彼が、なぜ一度も大学の教授になったことがないかというと、それは彼の生い立ちによる。

彼はザリスキー教授と同じユダヤ系の人で、一九二八年に革命家の父親と、ジャーナリストであった母親との間に生まれたが、戦争中はドイツの収容所に入れられ、十六歳で母親と一緒にフランスに出てきた人である。そういう時代背景と家庭環境であったため、満足な初等教育を受けることができなかったが、モンペリエ大学に入ると、数学的な才能を発揮し、後年フィールズ賞を受賞したのである。

グロタンディエクが、ナチ・ドイツ軍の嵐の中をどのようにかいくぐってフランスに渡ったのか。モンペリエ大学でどんな教授に師事して、数学の才能を発揮したのか。それから高等科学研究所の所員になるまでの経歴はどうなのか。そういったことは、ほとんど私にはわからないが、彼がユダヤ系の生まれであって、無国籍つまり国籍をもたなかったことははっきりしている。米国の大学は、ハーバード大学もそうだが、国籍の有無とか、国籍がどこかということには、まるで頓着せずに教授を迎えることがある。しかし、フランスという国は日本に似て官僚制度がきちっとしているために、無国籍の人間を大学教授として容認する気風はなかった（今は、そうでもないようである）。

優秀な頭脳と研究テーマをもっているグロタンディエクが教授の職につけなかったのは、そういう理由からである。その彼の講義を、私は一年間に渡って聴いた。

その頃のグロタンディエクは、解析から代数幾何に転向した後で、代数幾何学の基礎をスキーム（概型）理論として、全面的に書き直す仕事を始めていた。

こうして講義に耳を傾け、また学問の上で親交を結ぶうちに、ある日彼は、この講義が終わったら、自分と一緒にパリの研究所に来ないか、と私に誘いをかけてきた。彼はその頃の私の研究を高く評価してくれ、高等科学研究所に六ヵ月間招くことを約束してくれた。

第二次世界大戦前の数学の中心はドイツであったが、大戦後になると、その中心がフランスに移った。一九五〇年代には、フランスの数学はヨーロッパの中でも指導的な存在で世界でも最高級の数学者が名前を連ねていたのである。

前にも述べたことであるが、数学という学問は非常に国際性のある学問である。見方によっては、そういう国際性を身につけなければ真の数学者といえないかもしれないのである。私がグロタンディエクの誘いに応じたのはもちろんのことである。

私は一九五九年末、初めて待望のフランスへ渡った。高等科学研究所は、今はパリの郊外のビユールというところにあり、かなり大規模なものになったが、当時はエトワールの近くの博物館の一階を借りた、事務室と講義室だけのこぢんまりとした研究所であった。所員といえば創設者のディユドンネとモチャーン、そしてそのディユドンネにスカウトされたグロタンディエクと秘書の四人だけである。

この研究所の外部からの第一番目の所員になった私は、それから半年の間、ここに勤めながら、同時にグロタンディエクに師事した。わずか半年であったが、この間に私は貴重なことを多く学びとった。

グロタンディエクは、まるで川のない所に洪水を起こすような、バキュームクリーナーに大きな機関車をつけて数学の世界を走り回るような人物だった。ふつう数学者といえば、自分に適した問題を十分に時間をかけて選ぶというところがあるが、彼の場合は手当たりしだいに全部やっているのではないかと思えるほどの怪人物で、体力もあるから一日百枚、二百枚と論文を書く。その中から次のアイディアが生まれてくるという型破りの猛烈型の学者であった。

彼は一九六六年に、モスクワで開かれた国際数学者会議でフィールズ賞を受賞したが、代数幾何学では一つの大きなエポックを築いた。その主な業績は、やや専門的になるが、ヴェイユの予想を厳密に数学的にやろうとして、代数幾何学の基礎にコホモロジー代数学を徹底的に使い、グロタンディエク・ホモロジーと呼ばれる新しい概念を提起したことだ。

このグロタンディエクから私は、数学者のあり方の多様性を認識することができたし、大きな影響を受けた。

と同時に私はグロタンディエクの数学という学問に対する姿勢から、かけがえのないものを学んだような気がする。

グロタンディエクの数学に賭ける執念、バイタリティーはすさまじいものだった。

この執念、馬力は、どこから生まれるのか。

私はそんな疑問を胸に彼の研究姿勢を見つめながら、おそらくそれは、彼が想像を絶するような逆境を生き抜いてきたからだろうと考えた。

私は、グロタンディエクから特に苦労話めいたことを打ち明けられたわけではない。彼はそういう人間ではなかったし、また、たとえそれを私が聞いたところで、収容所暮らしから着のみ着のままでフランスへ逃れ、国籍ももたず、一途に数学人生を生きてきた彼の、その苛烈な苦闘の歴史をなまなましく感じとることはできなかっただろう。

私はまた、こうも思ってみるのである。

人から見ると血と汗のしたたるような苦労をしても、一度として彼は、苦労を苦労として感じたことはなかったのではないか。

例えば私が、大学時代、金がなくて高価な本が買えず、夏休みになると教授の本を借りて帰郷

京都大学一年の夏に郷里の友人たちと海水浴へ

し、大学ノートにまる写ししていた話を人にする。あるいは大学帽子を買うお金を一冊の本を買う費用にまわしたことや、大学時代に友だちと海に遊びに行った時、みんなは海水パンツをはいていたが、私だけ褌《ふんどし》姿だったことや、大学、大学院の七年間、三畳一間の小さな部屋に下宿し、机代わりにミカン箱を使い、その下に本を置いていたこと、ふとんは敷くものも掛けるものも布地のついていない薄い綿だけだったことなどの話をする。

　すると大抵の人は、「ご苦労なさったのですね」と私の顔を見つめるのだ。ところが、当の私は、苦労話をするつもりで人に話したのではないし、実際、弟にときどき仕送りをしなければならないこともあって、貧乏な学生生活を送っていたことは認めるが、その時は別に苦労しているとも感じていなかったのである。

人は、何かに夢中になっている時は、たとえ苦労であっても、苦労を苦労と思わないのだ。私の境遇をグロタンディエクのたどってきたいばらの道と比較するのもおこがましいが、彼もまた、苦労を実感したことがないのかもしれない。私は自分の体験から、そう推察してみるのである。

いずれにせよ、逆境につぐ逆境が、彼の数学に対するやむにやまれぬ情念となって形づくられ、それがエネルギッシュな創造活動を支えていったのではないか、と私は想像するのである。

芸術家として創造活動を続けていくには、ハングリーでなければならないといった人がいた。私はグロタンディエクのような数学者を見ると、その言葉は学問の世界における創造にもあてはまるのではないかと思う。学者もまた、何かに飢えていなければ、創造し続けることはできないのではないか。

数学という学問は、感情や情念とはおよそ無関係な学問に受けとられがちだが、こう考えてみると、数学の創造活動も、あながち情念と無関係とはいえないようである。おそらく、人間の情念とは縁遠いように見える自然科学のすべてが、新しい理論や法則や定理を創造する上で、この情念の力を大いに借りているに違いない。

欲望《ウォント》と必要《ニーズ》

創造には情念の力がいる。芸術における創造はもちろん、あらゆる学問にも、また、日常生活にもそれはいえることだろう。では、この情念は具体的にどのような情念なのか。

エジソン（一八四七〜一九三一。発明家）の言葉に、

「必要は発明の母である」（Necessity is the mother of invention.）

というのがある。何か必要があって発明あるいは創造が生まれるという意味だが、問題はこの「必要」という言葉の解釈である。

「必要」は、英語でおもに二通りの表現の仕方がある。ニーズとウォントである。だが、同じように「必要」と訳されながら、この二つの言葉の実際の意味は、かなり違うのだ。

「ニーズ」という言葉は、空間的にいえば、外部の状況を判断して割り出した必要性であり、時間的に見ると、過去から現在にかけて人間が経験したこと、得たものを基準にして割り出した必要性という意味に使われる。これに対して「ウォント」は、自分の内部から出てくる必要性であ

り、現在と未来に時間軸をとった上での必要性を意味している。すなわち、欲望とか、欠乏を内包した「必要」がウォントの意味なのだ。

余談になるが、よく企業のパンフレットなどに、「消費者のニーズをよく捉《とら》えて……」などと書かれているが、この表現はあまりよいとは思えない。ニーズというのは要するに過去の知識から割り出しただけのものであるから、そんなことをやっていたら企業は立ち遅れてしまう。それを書くならば、「消費者のウォントを見抜いて……」と書くべきだろう。

とにかく、ニーズは理性による判断から生まれた「必要」、ウォントは現在の自分の中にある何かとてもいたたまれないような、場合によってはたまらなく爆発したくなるような情念から生まれた「必要」という具合に解釈してもいいだろう。私は、創造にはもちろんニーズもなければならないが、どこかの時点でウォントが生まれないとダメだと思うのである。つまり、創造活動を支える背景には、「こんなものが創れたらいいな」と無心に思う欲望の念や、欠乏しているものをひたすらに求める渇望の念がなければならないと思うのだ。

若い読者諸君には、特にこのことを強調しておきたい。自分の将来を決めていくという時に、いろいろな情報がある。例えば、自分の偏差値がこの程度だからあの大学のこういう学部にいこうとか、こういう職種が有望だからこの企業に就職しようという具合に、いろいろな情報からニーズを割り出して進路を決める人が非常に多い。

しかし、そういう決め方をした人は何らかの方法でニーズから割り出したものが、ウォントに切り替わらないかぎり、どこかで挫折するのではないかと思う。「自分はこの学問をしたいんだ」「私はこの仕事につきたいんだ」というウォントをもった意志力がなければならないのである。

グロタンディエクや、ザリスキー教授のように、想像を絶する逆境の中を生きてきたハングリーな数学者が優れた業績をあげたのは、一つには、ウォントという情念が常に彼らを動かし続けたからに違いない。

ものを創る過程には、総じて、飛躍というものが必要である。創造しようとするものが過去に類を見ない新しいものであればあるほど、なおさら、飛躍することが大事になってくる。そして飛躍するには、内なる欲望の力を借りなければならないのである。飛躍の原動力はニーズではなく、ウォントだと私は考えるのだ。

この本の冒頭の部分で紹介した「特異点解消」という、現代の代数幾何学の大命題を解いた道程をふり返ってみる時、私は一層その感を強くするばかりである。

そもそも私がこの問題に興味を覚えたのは、過去から現在までの数学史を俯瞰《ふかん》して、是非ともその解決が必要であると判断したからではない。つまりニーズを私が認めたからではないのだ。

私は、ただ、特異点を解消する定理が発見できたら素晴らしいだろうな、と夢見ただけにすぎないのであり、いうなれば、未来の数学に対するウォントから、私はこの問題に魅せられたのだった。そして私の内なるこのウォントこそが、およそ八年間にわたって、絶えずその夢を支え続け、ついには創造へと飛躍させてくれた原動力であった。

「特異点解消」に向かって

ここで、特異点解消に至るまで私がたどった道を少し詳しく書いておく必要を覚える。

読者はすでに、ジェット・コースターの軌道とその影との例えからこの問題の概要を把握されたと思うが、別の例でこれを説明すると、こういうことになる。

途中で琵琶湖を一周する東京〜大阪間の一本の高速道路をつくるとする。ところがそれは、どこかで交差点ができるから、平面のままでは交差点のない一本道にはならない。この交差点がつまりは特異点であるが、さて、これを解消するにはどうしたらいいか。一周して交わる道路を立体交差にしてやればいいわけである。すなわち、高さという尺度を一つ増やしてやればいいのだ。このようなことを、数学では、パラメーター（媒介変数）を加える、という。一階のトイレと二階のトイレが平面の間取図では複雑に重なって判然としないのが、高さというパラメーターを加えてやれば、はっきり見てとれるのと同じ理屈である。

ところが、高さをつけて交差点をなくした上下二本の道路の地上に落ちた影を見ると、なおかつそこには交わる点、特異点が存在するのである。つまり本体には特異点はなくても、影では特異点が解消されていないことになる。では、どうするか。さらにパラメーターを増やし、あるいは減らし、それをくり返して影に生じる特異点を解消することが必要になってくるわけである。

この場合、問題は平面に生じる特異点に限定されているが、厄介なことに特異点はあらゆる次元に発生するのだ。そのあらゆる次元に生じる点を解消し、特異点のない姿にまで帰してやれる論理を証明することが、この問題解消の目標である。

すべての現象は、図形に表すことができる。例えば、経済現象もそうである。今日、これだけ経済状態が発達すると、そこに表出する経済現象も多岐にわたり、分析するパラメーターも増え、それを解明するために作られる図形も、きわめて高次元のものになってくる。それを一つの図形に表すと、複雑な形の中に交わるとか、とがったという感じの特異点が数多く出てくる。そうした高次元の図形に生じる特異点を放置したまま現象を把握しようとしても、計算も難しく、通常の法則があてはまらない。このような場合、特異点解消の定理を用いて特異点のない図形に変換して考えると、技術的に計算もしやすくなり、理論的にも方程式が扱いやすくなる。複雑多

秋月セミナーでの歓迎会（前列の左から二人目が秋月教授）

岐な経済現象が、局所的には単純明快なグラフの組み合わせとして、問題の内容をはっきりとした形で見てとれるのである。

特異点解消の定理はどんなことに役立つのかという質問に対する、それが答えの一つであるが、これについては長くなるので省略する。

いずれにせよ、くり返すが、私はこの問題に出会いそれを解消するまで、どんなことに役立つかとか、どんな応用があるのかということは、ほとんど念頭になかった。というより、そこまで頭がまわらなかったといったほうが正確である。

私が初めてこの問題を知ったのは、前にも述べたように、大学三年の時であった。秋月康夫教授の指導するセミナーは、代数幾何の将来性を重視し、この分野に関係したすべてのことを総ざらいしようと、意欲的な研究がなされていた。秋月先生は、京都大学出身の教授が自分の直弟子を助教授にして順繰りに講座を引き継いでいくという、京都大学のそれまでの学風に敢然と改革を試み、他の大学に優秀な人を見つけるとこれをどんどん引き抜いてきて自分の弟子にしていた。この研究室の初期の活動の中心にいたのが、井草準一さん（東京大学出身で、引き抜かれて秋月先生の研究室の助教授になった。現・ジョンズ・ホプキンス大学教授）と松阪輝久さん（現・ブランダイス大学教授）、伊藤清さん（東京大学出身。現・学習院大学教授）、永田雅宜さん（名古屋大学出身。現・京都大学教授）、戸田宏さん（大阪大学出身。現・京都大学教授）、松村英之さん（鹿児島大学の卒業生で、京都大学の大学院に入学。現・名古屋大学教授）、また西三重雄さん（京都大学出身。現・広島大学教授）、中井喜和さん（東京教育大学出身。現・大阪大学教授）がいた。この八人に、秋月先生が直接に育てられた中野茂男さん（京都大学出身。現・京都大学教授）や私を加えたセミナーは、当時、京都大学では一番活発なセミナーだった。

京大では最も革命的なそのセミナーに、いわば秋月先生の孫弟子のような形で私は入ったわけだが、まだ基礎のできていない三年の頃には、難解な言葉が矢継ぎ早やに飛び出すそのセミナーの内容が、私にはほとんどわからなかった。だが、毎週各人が新しい結果を発表し、午後を通してくり広げられる議論を黙って聴いているうちに、どのようにして数学が創られていくのか、目《ま》のあたりにそれを見ることができたのは、私にとって大いに役に立った。前に数学という学問の特徴を述べたが、その第一番目にあげた「技術」を磨く段階が、この時期だったのである。もちろん、技術を磨く段階がその時期だけに終わったわけではない。

それはともかく、四年生になって少しずつ代数幾何の裾野が見えかけた頃にセミナーで紹介されたのが、特異点解消という問題だった。このセミナーで西三重雄さんが解説したのが、後に私が師事することになったザリスキー教授の三次元の特異点解消についての論文である。ザリスキー教授は、当時イタリアではあまた理論が出されていた一次元の特異点解消を、彼一流のやり方で解き、さらに二次元の特異点解消について三つの論文を書き、そうして三次元の特異点もどうにか解消したのである。

しかし、ザリスキー教授の三次元特異点解消の仕方は、無理に力でねじ伏せたような、ぎこちないやり方で、その理論は難解なことこの上もなかった。だから四次元ないしそれ以上のものでは処置なしだろうと、みんなが思っていたわけだ。

私がどうしてこの問題に魅せられたかについては前に触れたので、省略する。要約すると、数学のこの一問題を、仏の世界と現世の関係をだぶらせて私は眺めていたのである。まさしく笑止の沙汰というべきだが、それが問題に心惹かれた理由なのだから仕方がない。私は、ただ、そういう見方でこれを眺めていたにすぎないのであり、よもや自分に解けるなどとは考えもしなかった。第一、ザリスキー教授の三次元の特異点解消の理論さえよく理解できなかったくらいだから、それは当然だろう。ただ、そういう問題もあるんだなと思い、それができた場合にはどんな応用があるんだろうということも少しは興味があって文献を読んだり考えたりしていた。処女論文では悪評を浴びたが、そして第二の論文をザリスキー教授の前で発表したことがきっかけでハーバード大学に留学することになった私は、以後、師のザリスキー教授のもとで「有理変換」とか「特異点」の勉強に明け暮れた。

留学して、その有理変換を学び始めてから二年目、私は同門のアルティンと二人で、ザリスキー教授の特異点解消の理論を研究するセミナーを行なった。つまり私としては、二度、同じ理論を学んだことになる。

それとほぼ同じ頃だったと思うが、私は当時コーネル大学の助教授を務めていたアビヤンカー(Abhyankar)という人を訪ねたことがある。アビヤンカーはインド出身で、やはりザリスキー教授に師事した数学者だった。私がそのアビヤンカーを訪ねたのは、彼が特異点解消に大きな関心を抱いているという噂を耳にしたからである。

私もその頃は、本気になってこの問題に取り組んでいた。依然として、私に解けるなどとは思わなかったが、解けないまでも何かに貢献することはできまいかと模索していたのだ。つまり特異点解消は、私にとって、一歩現実味をおびた夢に変容していたのである。アビヤンカーと意見を交換しようと思ったのも、何か発想を示唆してくれることはないかという期待が胸にあったからだ。

私はアビヤンカーに、当時私が特異点解消について考えていたことを忌憚《きたん》なく語った。特異点があったなら、その特異点の特性というものがあるはずだ。ならばその特性を次々に数値の上で抽象していけば、最後には解けるのではないか。

詳しい内容は長くなるので省略するが、おおむねそのようなことを私は彼に話した。

だが、アビヤンカーが考えていたことは、私のそれとはまったく相容れないものであった。そして、何よりも自信家の彼は、「ミスター・ヒロナカのやり方では、絶対に解けない！」といい切った。結局、もの別れに終わったわけだが、それも私には、いい刺激剤となった。

スリープ・ウィズ・プロブレム

私はそれから数ヵ月間にわたって取り組んでみたが、解決のめどは杳《よう》として立たなかった。その頃、こんな言葉を耳にした。ハーバード大学のボット教授がいった言葉だが、

「スリープ・ウィズ・プロブレム（Sleep with problem.）」

という言葉である。難しい問題を解こうとする時、その問題と一緒に寝起きするような気持ち

で取り組むことが大事だというほどの意味だ。

　私はその間、文字通り特異点解消という問題と寝たのであるが、とはいうものの一層、その難解なことを自覚したにすぎなかった。まさに、やればやるほど底知れぬ迷界に引きずり込まれていくような感じだった。

　私はひとまず、問題から目を離してソッポを向くほかなかった。

　夢を棄てたわけではない。否、それどころか、初めて面と向かって取り組んだこの問題の難しさを身をもって知ったことで、むしろ私は、挑戦の意欲をなおさらにかき立てられたのだ。夢を実現したいという欲望《ウォント》は、ますます膨らんでいた。

　私が再度、問題解決へ挑戦を試みたのは、パリから帰ってハーバード大学の博士号を取った（一九六〇年六月）後だった。その頃、私はブランダイス大学の講師になっていた。

　私はこの時も、本腰を入れて特異点解消の問題と取り組んだが、またまた兜《かぶと》をぬがなければならなかった。

　しかし、ブランダイス大学に勤めてから二年目、助教授になった頃から、少しずつだが独自のアイディアが生まれてきたのである。このアイディアを一言で説明するのは難しいが、とにかく、問題と一緒に寝起きしていた結果、その解明のヒントが生まれてきたのである。

　だが、ちょうどその頃、私は、いささかがっかりさせられることに遭遇した。

フランスの数学界を代表する一人に、シュバレーという人がいた。シュバレーは、一九〇九年、南アフリカのヨハネスブルクに生まれ、フランスのエコール・ノルマル・シュペリエール大学を卒業し、プリンストン大学、コロンビア大学で教鞭をとったこともあり、『リー群論』『代数関数論』や『シュバレー群』などの研究論文などで、世界的な数学者として知られる人物である。

そのシュバレーが、特異点解消の問題に対して否定的である、ということを私の知人から知らされたのである。

その時、私は、ザリスキー教授とは違ったやり方で一次元の特異点を解消し、その方法に立って理論を発展させれば、おそらく二次元、三次元の特異点解消もできるに違いないと考えていたのである。その頃、シュバレーは、

「特異点解消の問題がそう簡単に解けるわけがないよ。たとえ誰かがいつかそれを解いたとしても、その頃にはもう、代数幾何学の一般論が大いに発展していて特異点解消の価値はうんと少なくなっているだろう」

といったらしい。私は直接にその話を聞いていないが、知人の話ではかなり否定的であったというのである。結局、シュバレーは、そんなものを解いたところで役に立つわけがない。特異点解消の必要性は少ない、というのである。

そう楽々と解ける問題ではないことは、二度体当たりして撥《は》ね返された私が、誰よりも強く思い知らされている。それだからこそ、私は一層、挑戦のしがいのある問題だと闘志を燃やしていたのだが、「役に立たない」などと決めつけられては、これはもう、立つ瀬がないのである。がっかりしないわけにはいかなかった。

それより後のことだが、敬愛するグロタンディエクからも、やはり私は、張り詰めた気持ちを挫《くじ》かれるような言を浴びたことがある。

ある時、私は、ケンブリッジからパリに帰るグロタンディエクを空港まで見送った。空港へ向かう車中、私はグロタンディエクに、特異点解消の話をした。

いつになく、その時の私は興奮していたようである。無理もない。その時には、私は二次元、三次元の特異点解消を独自のやり方で成し遂げ、あとはこれだけ解けさえすれば、四次元もまず大丈夫だろうという段階にまで来ていたのだ。私はグロタンディエクの反応を期待していた。彼ならば、そのことの価値を認めてくれるに違いない。そして何か重要な示唆を私に与えてくれるに違いない。私は、一瞬も口を休めずに、夢中になって隣席のグロタンディエクにしゃべりかけた。

が、私の期待はみごとに裏切られたのである。

グロタンディエクは、別段、喜んだ様子もなかった。それどころか、私の熱弁の大半を、彼は左から右へと聞き流していたのである。合槌《あいづち》をほとんど打たなかったのはそのせいだし、何よりも最後に口をついて出た言葉が、私の話にほとんど耳を貸さなかったよき証拠であった。

彼はいったのである。

「四次元の特異点解消が大嘘であることを証明するには、かくかくすればよし……」と。

私はさながら鉄槌で頭を殴打されたかのような衝撃を覚えた。

他の人ではない。半年間であるが直接に私が師事した、しかもこよなく尊敬しているグロタンディエクがいう言葉である。あいた口がふさがらないというのは、このことであろう。私は何も、嘘を証明するために特異点解消に血道をあげていたのではないのである。私が落胆したのはいうまでもない。

しかし、こうしたことが重なる一方で、逆に私を励ましてくれる人もいたのである。

その一人は、ザリスキー教授だった。ブランダイス大学で教鞭をとるかたわら、ハーバード大学のセミナーに出席していた私は、ある日、構内でザリスキー教授とすれ違った。私は彼が相変わらずの多忙の身であることを知っていたから、挨拶の言葉を交わしただけで行き過ぎようとした。

だがその時彼は、私を引き止めて、

「今、何をやっているのか」

と、聞いた。

「特異点解消の問題を再考しています」

私が答えると、ちょっと考えてから、

「You need strong teeth to bite in.（お前は歯を丈夫にしておかなければならない）」

こう彼はいって、私の肩を叩いたのだ。

歯を丈夫にしておけというのは、ザリスキー教授一流のユーモアである。つまり彼は、歯をくいしばらないと解けない問題だからよほど歯を丈夫にしておかなければならない、こう忠告してくれたのだ。彼が日本語を知っていたら「褌を締めて、かかれ」とでもいうところであろう。

ザリスキー教授は、自ら取り組んだ問題であるだけに、特異点解消の重要性を知悉《ちしつ》していたのに違いない。いずれにせよ、ありがたい激励の言葉であった。

私はまた、フランスのトムという数学者が、ある時いった言葉も、一つの発奮材料として、ときどき自分にいい聞かせていた。「代数幾何をやっている連中は、みんな腰抜けばかりじゃないか。だってそうだろ？　手強《てごわ》い問題とみると、この問題を解いても意味がない。そういい出すのが代数幾何学者の常套手段なんだからね」

暴言ではなく、トムのこの指摘はある程度まで当たっていた。私は、彼のいう「腰抜け」にはなるまいと心に誓った。

ブランダイス大学に就職して二年目、こうして決意を新たにして特異点解消に取り組んでからしばらく経ったある夜、私はついに最後の一線を解き、問題解決の全貌をつかんだのである。

前述したように、この「特異点解消」は、一次元、二次元、三次元の段階まではザリスキー教授によって解明されていたわけである。私がやろうとしたのは、一般次元まで解明できる理論を創ることであった。私は、私の信条とする「根気強さ」で何度かチャレンジし、ついに、ザリスキー教授とはまったく違う方法で一般次元まで解明したのである。

私は受話器を取って、ザリスキー教授の自宅の電話番号を力強く回した。誰かに報告しておかなければ、昂《たか》ぶった気持ちがどうにも鎮まらない気がした。

「すべての次元で解けそうです」

電話を取ったザリスキー教授に、私はいった。ザリスキー教授の声は、いつもと変わらず冷静そのものだった。どちらかというと口数の少ない彼は、その時も、「慎重にやるんだぞ」こう短い忠告を与えただけで、受話器を静かに置いた。

確かに、ここは一番、慎重に慎重を重ねないと、私は取り返しのつかない状態に陥りかねないのである。過去に、特異点解消の問題を「解いた！」と宣言した数学者は何人かいる。中には、それを論文で発表して、ザリスキー教授から手厳しく叱正された数学者もいるのだ。

百パーセント解けたと思っても、微細な部分のチェックを怠ったがために実は何も解けていなかったということが、数学の世界にはよくある。研究テーマは特異点解消ではないが、ある若い数学者が、ある大問題を解いて、その論文を発表した後、重大な誤りを指摘され再起不能に陥ったこともある。そういう不運な数学者の轍《てつ》を踏まないように、ザリスキー教授はあえて「慎重にしろ」と忠告してくれたのである。

私は、それから間もなくして、ハーバード大学でこの問題に焦点を当てたセミナーを開いた。セミナーに参加するいろいろな人から、疑問点を指摘してもらい、それに解答を出す形で、細部にわたってチェックしようと試みたわけである。

セミナーを開いた後、問題解決に用いたオリジナルな道具を改良する必要を覚えた私は、一ヵ月間セミナーを休ませてもらいたいと、大学に申し出た。それが認められて間もない頃だが、ある日ばったり出会ったザリスキー教授から、

「Is your resolution still a theorem?（お前の特異点解消は、まだ、定理なのか）」

と訊《き》かれたことがある。

ある時証明ができて「定理」になったと思ったことが、詳細に考えてみると意外な落とし穴を発見して、またそれが未解決の「問題」に逆戻りする例は、これまた、数学の世界ではよくあることなのである。彼はそのことを心配してそういったのだが、私は胸を張って、

「Still a theorem.（まだ、定理です）」

と答えたのである。

幾つか改良しなければならない点はあったが、アイディアはきちんとしていたし、自信をもっていたからである。

それからの私は、もてる時間のすべてを論文を書くことに費やした。元来、夜型の私は、夕食後十時頃までテレビを観たり、家族とおしゃべりをしてそれから仕事に取りかかるのが常だった。寝るのは朝の五時前後。私が寝入ると間もなく妻が起きて、前夜私が書いた原稿のページ数を数え、それをタイピストに渡す。目を醒《さ》ました私は、でき上がったタイプ原稿を読んで、論理構成に誤りはないか、細かい証明はちゃんとできているか、といったことを仔細に点検する。不備な点が何もなければ次の展開を考えるが、そうしているうちに夕食の時刻になるのが、その頃の日課であった。

大学で講義のある日は、もちろん出て行かなければならない。しかし、なにしろ睡眠時間三、四時間で出て行くのだから、前夜、問題と格闘した余韻が朦朧《もうろう》とした頭の中に残っていて、百パーセント講義に集中できないのである。そんな私の講義を聴かなければならない学生こそ、気の毒だった。

数学の論文は、小説を書くのと同じやり方では書けないのである。小説を書いたことがないので実際は断言できないのだが、例えば、書いている途中に不備な点が見つかっても、それが小説ならば、何も最初から書き直す必要はないであろう。数学の論文は違う。少しでも論理の歯車が嚙《か》み合わない所が目に止まると、振り出しに戻って論理を立て直し、書き改めなければならないのである。そのために、調子のいい日には十数ページぐらい筆が進んでも、翌日は、それをすべて「没」にしなければならないことも少なくないのだ。その論文を書く時も、幾度、私はそういう目にあったかわからない。そんな夜が明けた朝方、大学に出て行く時の気分は、何ともやりきれないものだった。

ともあれ、筆を起こした日から二ヵ月余りで、私はついに論文を脱稿した。深夜だった。出来上がった論文の題名は、正式には、

「*Resolution of singularities of an algebraic variety over a field of characteristic zero*（標数0の体の上の代数多様体の特異点の解消）」

という。

その原稿はマサチューセッツ州の電話帳の厚さにも匹敵する長い論文だった。数学者たちが後にこの論文をさして、「広中の電話帳」と呼ぶようになったのも、そういうことからだった。一つの定理を証明した論文としては、数学史上、最長の論文といわれていた。

論文は、米国の数学専門誌『*Annals of Mathematics*』に二回に分けて発表された。

この論文が発表されて、だいぶ経ってからのことであるが、ザリスキー教授が米国の数学会会長を引退する記念講演の中でこう語ったのである。

「Battle was won by Hironaka.（戦いは広中が勝った）」

ザリスキー教授は、私が論文を発表して以後も、何度か独自の方法でその理論の正しさを検証していたという話である。彼がこう語ったのは、自分にも解けなかった理論を私が完成させたと宣言することによって、弟子の私に対する「思いやり」をこめた言葉だろうと推測した。

学問の姿勢

ところで、自分自身が書いたこの長論文を読み直して、改めて気がついたことがある。

八年前この問題に出会ってからこのかた、それほどはっきりとは意識しなかったのだが、常に自分がこれに焦点を合わせて数学を学び、創造してきたということである。早い話が、京都大学の大学院にいた時に発表した処女論文も、結果的には特異点の解消に関係しているのだ。それ以後に発表した論文もそうだし、博士号を取った論文、すなわち私独自の有理変換の理論も、無関係に見えて、実は特異点の問題解決に間接的に役立っているのである。

私はまた、この仕事をふり返るにつけて、自分に願ってもないいい条件が与えられたことを痛感するのである。

特異点解消の重要性を知悉し、しかも自ら三次元まで解いたザリスキー教授に師事できたことが一つ（ただし彼のやり方にとらわれていたら、結局、私には解けなかっただろう）。パリにおける半年間の研究生活で、問題を大局的に見る優れた観点をもったグロタンディエクに学べたこと。私と同じ年にハーバード大学の客員教授として招かれた、秋月セミナーの永田雅宜さん（現・京都大学教授）に学んだことも、問題解決への重要な決め手となった。

私独自のアイディアは、もちろんあった。だが、それぞれに創造的な仕事をしていた三人の先生に学んだことが急速に収束していき、気がついてみたら解けていたというのが、私のいつわらぬ実感なのである。

このことを思うにつけ、私はこのようないい条件を与えてくれた、何か目に見えないものに対して、心よりの感謝をしないではいられないのである。

この項で述べていることの主題は、創造に大切なのはウォントである、ということである。そのことをいうために私はいささか自分の仕事について紙数を費やし過ぎた感があるが、締めくくりの意味から、ここでこの仕事を通して得た三つの教訓に触れておきたい。

第一は、ものを創っていく過程で大切なことの一つは、柔軟性ということである。

私は、特異点解消にこぎつけるまでに、二度、本腰を入れて解こうとし、そのたびに失敗したが、そこで私があえて問題に固執しなかったのは、結果的に我ながら賢明であったと思うのである。解決への道が遮断されると、私は、よくいう「岡目八目」で問題を眺められるところまで、距離をおいた。そして、アイディアと理論の道具立てとが自然成長するのをじっと待つことにしたのである。

私がもしも、壁にぶつかった時、なおも問題に固執していたら、どうなっていただろう。おそらく私は、巌《いわお》のようなその壁に圧し潰されて、息も絶えだえになってしまったに違いない。そう考える時、私は柔軟に身を処したことをつくづくよかったと思うのである。

このような柔軟な姿勢は、例えば子供を育てていく過程でも、大切なことである。成長していく子供は、目に入れても痛くないほど可愛い時期があるかと思うと、憎たらしくて仕方がない時もある。だが、憎たらしいからといって親は子供を離別するわけにはいかないのだ。では、どうすればいいか。問題に手を焼いた時私がそうしたように、一歩距離をおいて子供を見守ってやる柔軟な身の処し方が、ここで必要になってくるのではないか、と私は考える。

創造とは子育てのようなものだ、と私は前にいったが、この点で両者は似ているのだ。

余談だが、柔軟性ということで、日本人と米国人の違いを感ずるところがある。

それは概して日本人というのは、自分の考えをはっきり主張する前は非常に柔軟性のある態度を示すのだが、いったん自分を表に出して主張すると、驚くほど柔軟性をなくしてしまう。多数決でものごとを決めたあとでも、まだ「裏切られた」とか「不当だ」とかいって、後を引く場合が多い。私の知る限りでは、米国人は各自が主張する段階ではいろいろと懸命に自分の立場に固執したり、頑固なところがあるが、いったん票決か何かで決定が下ると、意外と柔軟性のある態度を示すのである。

教訓の第二。ウォントが創造に必要なことはくり返すまでもないが、あくまでも、このウォントが自分自身の中から生まれたものでなければならないことを、私は痛感した。

それはどういうことかというと、自分自身のウォントと思っていたものが、実は、社会の風潮とか、流行とか、あるいはマスコミがもたらす情報とか、そういう形から形成されたウォントだったということが、決して少なくないのである。

このようなウォントは、まことにもろい、壊れやすいウォントである。外界の情勢が変われば、すぐにでも消失してしまうウォントである。そして、創造を持続させる原動力とはついになり得ないウォントなのである。

特異点解消に対して私が抱いたウォントが、借りもののウォントでなかったことは、幸いだった。

教訓の第三は、やはり、ものは創ってみてこそ、初めて価値を生む、ということである。フランクリンの言葉を引いた時にいったことをくり返すことになるが、ものは創造されて初めて意味ができ、ひとり歩きするのだ。

前述したように、特異点解消はある人たちからは殆んどその必要性を認められていなかった。面と向かって「役に立たない」と、いわれたことさえあった。

ところが、その定理ができあがってみると、これからさまざまな応用の理論が生まれたのである。私自身が発表した応用もあるが、中でも続々と素晴らしい応用を考え出したのは、ほかならぬ、グロタンディエクである。私の特異点解消の話をまったく受けつけなかった彼が、この定理が生まれる以前は想像もつかなかった、斬新な応用理論を次々に発表したわけである。

定理がひとり歩きしていくこのような姿を眺めながら、つくづく私は、フランクリンの言葉の奥にあるものを噛みしめているのである。

以上三つの教訓を特異点解消の研究で学んだわけだが、これからの仕事にも十分生かしたいと思っている。

数学と運・鈍・根

　私は、特異点解消の論文を脱稿した後、スウェーデンのストックホルムで開かれる数学の国際会議に出席することを最終目的とする、約三ヵ月間のヨーロッパの旅を終え、その年の九月から一年ほど、ブランダイス大学から与えられた研究休暇を利用して、ニュージャージー州のプリンストンにある高等研究所で過ごした。この研究所では、週に一度セミナーを行なうだけで、あとは自分自身の研究に没頭できるのだから、学者としては、またとない環境だったといえる。

　静かなその大学町での研究生活を終えた一九六四年の九月、私はニューヨークのコロンビア大学の教授に任命された。ハーバード大学で博士号を取得してから、四年目である。そのことだけでも喜ばしいところへもってきて、その年には、「リサーチ・コーポレーション・プライズ」という賞をいただくという、晴れがましい経験をした。数学者としての私が受けた、初めての賞である。

　これを受けた人は必ずノーベル賞を取るというジンクスを誇りにしているその賞は、いかにも

学士院賞受賞記念祝賀会

米国的な賞だった。受賞する当の私は賞状だけをいただき、副賞である賞金五千ドルは私の妻に手渡されたのである。ニューヨークでのその授賞式に出た翌日、私は妻と連れだって五番街のティファニーという店に入った。トルーマン・カポーティの小説などで知られる、有名な高級宝石店である。賞金で指輪を買い、それに「特異点解消」という英語のイニシャルを刻んでもらい、妻に贈った。

私事になるが、四年前に博士号を取った直後に、私は結婚した。その時の結婚式は、判事に十ドルを払って互いに結婚を誓い、私の友人を自宅に呼んで夕食会を開いた最も簡素な披露宴で、もちろん新婚旅行もなし、結婚指輪も彼女の指に嵌《は》めてやることもできなかった。ニューヨークのティファニーで指輪を奮発したのは、その償いの意味もあった。

それはともかく、この賞を初めとしてその後、私は幾つかの賞を受賞した。ハーバード大学の教授に任命される前の年（一九六七年）には日本の「朝日賞」、一九七〇年には「日本学士院賞」、そして同じ年の九月には「フィールズ賞」を受賞した。そして、一九八一年には、フランスのアカデミーの外国人会員に選ばれる光栄となった。

この中でも、フィールズ賞というのは、数学者となったからには誰もが掌中にしてみたいと思うに違いない栄誉ある賞である。この賞を私に授ける旨の通知が届いたのは、その年の四月だった。差出人は国際数学者連盟のアンリ・カルタン氏である。

私は、一九六六年、前回のフィールズ賞受賞の候補にもなっていたので、あまり驚きはしなかったが、それでも授賞式が近づくにつれ、うれしさがこみ上げてきた。

授賞式は九月一日、フランスの風光明媚な地として知られるニースで行なわれた。国際数学者会議が九月一日から十日にわたって開催されたのであるが、授賞式はその会議の初日に行なわれた。この日受賞したのは、私のほかに、Diophantine近似のベイカー（A. Baker）とトポロジーのノヴィコフ（S. Novikov）、有限群のトンプソン（J. Thompson）の四人であった。

開会式は午前九時半からPalais des Expositionsで行なわれた。まず、国際数学者連盟のアンリ・カルタン会長が国際数学者会議の議長を選出、ついで文部大臣やニース市長の祝辞があってからフィールズ賞の受賞となった。このあと受賞者の業績を紹介する講演がそれぞれの分野の代表者によって行なわれることになっており、私の場合にはグロタンディエクが担当して講演し

フィールズ賞授賞式（1970年9月1日）。左から、ベーカー、著者、トンプソン

た。その会議では、私も五十分にわたって「特異点解消」の研究を披露したが、まさに私にとっては晴れがましい会議であった。このように、特異点解消の仕事は、創造することの喜びを体験させてくれたばかりではなく、幾つもの賞を受賞する光栄を与えてくれたのである。文化勲章受章も、フィールズ賞に負けずおとらず私を興奮させた。

私はここで、文化勲章を受けた頃のことを思い起こしながら、創造ということについてこれまで述べてきた私の考えに、一応、まとまりをつけておきたいと思う。

私が文化勲章授与の知らせを文部省から受けたのは、ハーバード大学の教授になってから、七年目の一九七五年（昭和五十年）のことだった。

ある日、日本の文部省の係官から、私の自宅に電話がかかってきて、

「このたび、文化勲章受章の候補になられたのですが、この章をもらっていただけますか」と、丁重な言葉で知らせがあった。私はもちろん承知した。文化功労者にも併せて選ばれて、ハーバード大学の同僚から、「生涯年金を支給するなんて世界に類がない……」とうらやましがられた。好きなことをやっているのに受章するなんて、ラッキーとしかいいようがない。

それはともかく、しばらくして、米国を発って祖国日本の土を踏むまで、私は時として故郷の風景を目に浮かべては、何か温かい、えもいわれぬ感情に浸っている自分に気づくことがあった。

私は、ニューイングランドの自宅で勉強している時、よく居眠りしていたことがあった。そういう居眠りの最中や、徹夜をして朝方になり思考力がほとんどなくなってしまったような時、どういうわけか故郷のさまざまな光景を思い起こした。幼い時、父に叱られないため押し入れの中に机を持ち込んで勉強したと前述したが、終始勉強ばかりに明け暮れたわけではなかった。私も他の子供と同様に、木登りをしたり、水遊びをしたり、戦争ごっこなどもやった記憶がある。そういう幼児期や少年期に遊んだ故郷の何の変哲もない竹やぶとか、石垣とか、小学校の頃にチャンバラごっこをした八幡さんの境内や、お寺、よく泳いだ裏の川などの風景が、脈絡もなく目に浮かんでくるのである。一人の人間にとって故郷とは何だろうか。本当に素直な気持ちになった時に、その人の心に融けこんでくる故郷。故郷とは、不思議なものだ。

知らせを受けてからの私には、故郷のことを考える時間がいつもより多くなったようだった。故郷、由宇町の人たちは私の受章を果たして喜んでくれるだろうか。母だけはきっと大いに喜んでくれるだろう……。そんなことも思ってみたりした。それは心愉しい時間だった。

十一月三日の文化勲章伝達式。そして翌日のお茶会に出席させていただいた私は、六日の朝、新幹線で東京を発ち新岩国で降り、午後一時三十分頃、なつかしい故郷の我が家に着いた。四年ぶりで踏みしめる故郷の土、そして、跨《また》ぐ生家の敷居。すでに新岩国に降りた時から大勢の知人、友人の歓迎を受けて、私は嬉しさに胸がはちきれそうだった。きわめて原始的な喜び。ナイーブな、赤ん坊になったような気持ち。否、その時の感情を私は、正確にどのようにいい表していいかわからない。

降りしきる雨の中でのパレードが始まったのは、生家に着いてから一時間ほどしてからだったと思う。私はその時も、伝達式とお茶会の時と同様、紋付きはかまを着た。母が手づくりで仕立て直してくれた亡き父の紋付きはかまである。

父は昭和四十五年の八月六日、いつものように自転車で行商している途中、踏切で事故にあい、自転車もろともバラバラになってしまった。七十九歳だった。私は米国から出した手紙で、よく父にいったものである。「父さん、行商をやめてはいけないよ。運動にもなるのだから、死ぬまでやりなさいよ。借金をしたら、私が払うから安心して、無理をしないでやることだよ」その言葉どおりに、そして、根っからの商人らしく父は死んだ。

商売人だった父は、私に商売人の後を継がせようと思っていたので、私が外から帰ると何かと私に用をいいつけて勉強させまいとした。大学入試の一週間前まで野良仕事を命じたのも、合格してもらいたくない、また、商人の道に入ってもらいたい気持ちが父にあったからかもしれない。そして、私の京大入学が決まった時は授業料、入学金、京都までの交通費、教科書代を含めた五千円を私に渡したきり、足りない分は何とか自分で解決しろ、という風だった。

だがその父も、いつしか、私が米国から出した手紙を近所の人や、行商で回る先々の家の人に見せて自慢して歩く、無邪気な父になっていた。そして、私が学士院賞を受賞した時は、「俺の生涯で、こんなに嬉しいことは二度とないだろう」と、心から父は喜んでくれたのである。

そういう父の体臭の残る紋付きを着て、賞をいただいた喜びを父と分かち合ったのだ。

パレードが終わり、私は、私が在学当時、由宇国民学校と呼ばれていた今

昭和50年11月３日、文化勲章を受章

の、由宇小学校の講堂で六百人の小さい後輩を前に講演した。

講演といってもわずか十五分足らずの話であったが、かなり興奮していたせいか、こんな言葉が思わず口に出てしまったのである。

「私のことを抜群の才能とか、頭脳明晰といってくれるのは嬉しいのですが、それは違う。広中平祐は抜群の努力家だというだけです」

今思えば、恥ずかしいことをよく口にしたものだと思うが、生き生きとした眼を向けている故郷の小・中学生たちに向かって、それが一番いってあげたい、また、いってあげられる唯一のことだった。

昭和生まれで初めて文化勲章を受けたことで、私はずいぶん話題になった。そのほかに幾つかの賞をいただいた私は、当時いろいろなマスコミで、はでやかな見出しをつけられ、とび抜けた頭脳、才能のもち主であるかのように扱われた。才能があるといわれて、悪い気はしないのは当然だろう。

しかし、私という人間のことを一番よく知っているのは誰か。私自身である。その私自身から素直に見る私は、とび抜けた才能をもっているわけではない。私はそのかわり、努力することにかけては絶対の自信がある。あるいは最後までやり抜く根気にかけては、決して人に負けないつもりでいる。

私はそういうことを少年少女に語りかけたと憶えている。

由宇町の生まれだから、とシャレるのではないが、私は元来が悠長な性格のもち主らしい。祖母や母から受け継いだ性格だろうか、つまりはのん気で鈍感なのである。

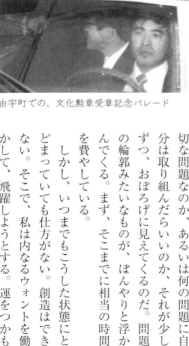

数学の仕事をする上でも、この性格が現れる。私は眼前に現れる問題を、最初はボンヤリながめている。周囲の学者たちがそれらの問題に取り組む姿も、ボンヤリと見やっているのが常である。だが、そうしているうちに、何が大切な問題なのか、あるいは何の問題に自分は取り組んだらいいのか、それが少しずつ、おぼろげに見えてくるのだ。問題の輪郭みたいなものが、ぼんやりと浮かんでくる。まず、そこまでに相当の時間を費やしている。

由宇町での、文化勲章受章記念パレード

しかし、いつまでもこうした状態にとどまっていても仕方がない。創造はできない。そこで、私は内なるウォントを働かして、飛躍しようとする。運をつかもうとする。運という、不連続な飛躍をしなければ、新しいものを創造することはできないのだ。

そして問題に取り組み始めるのだが、その際、自分にいい聞かせることは、常に素心を忘れないことである。数学者にとって最も大切なのは、発想だ。アイディアだ。そのアイディアは、問題の立場に立って、自分と問題が渾然と融和し合って、すなわち素心になってこそ生まれるのではないかと私は思うのである。

鈍、運ときたら、あとは根である。問題にくらいついていく根気である。私は、人の二倍は時間をかけることを信条としてきた。そして、最後までやり抜く根気を意識的につちかってきた。最後までやり抜かなければ、その過程がいかに優れていても、業績ゼロだからである。いかに頭脳が優秀でも、業績をつくらなければ、数学者でございます、などといえた義理ではないと思っているのだ。

「努力」とは私においては、人以上に時間をかけることと同義なのである。故郷の少年少女を前にして強調したことを、創造性についての締めくくりとして、今改めて読者に強調しておきたい。

第4章

自己の発見

「自分」という未知な存在

私は氷山を見たことがある。

一番はじめに見たのは、米国に留学する船の上からであった。かれこれ二十五年ほど前のことである。

その年、フルブライト留学生（米国政府募集の有給留学制度）三十人近くを乗せた氷川丸は、横浜港を船出してから十一日目にアラスカの海を航行していた。故郷の海とはまるで違っていた。荒けずりな凍てついたその海に、巨大な氷山は浮かんでいた。甲板に出ては白い息を吐きながら純白のその氷塊を眺めていた。それは神秘的で美しかった。そして、荘厳な感じであった。

人間とは何か。そして人生とは。時としてそんな問いに面と向かうたびに、私はいつもこの時の光景を目に浮かべる。氷山の白い容姿を思い起こすのである。

よくいわれるように、私たちの目に見える氷山は、氷山全体からすれば、ほんのわずかでしかない。目に見えない、海面下は、海面に現れている部分の十一倍ほどあるという。神秘的な美しい氷山は、海中に眠っているその巨大な氷塊に支えられているのだ。

人間の頭脳がそれに似ている。人の頭脳の不可思議な特性についてはすでに触れてきたが、それを図にすると、氷山のような形になるであろう。

人間の頭脳には、百四十億の脳細胞がある。その百四十億の脳細胞を使いきるには、二百三十四歳という寿命が必要であるというデータがある。その膨大な量の脳細胞をもちながら、人は普通その十パーセントか、せいぜい二十パーセントぐらいしか使わずに生涯の幕を閉じることが多いという。使われない脳細胞は、さながら海面下に沈んで、人の目にとまることのない氷山であるかのように見える。私たちは、眠っている巨大なその脳細胞に蓄えられた自分の才能や資質を自ら知ることもできずに一生を終えることが多いのだという。

他人の目に見える自分の才能、資質はごくわずかでしかない。また、自分の目に見える才能や資質も、細胞の巨大な倉庫に埋蔵されたそれと比べると、海面に現れた氷山のように、まことに微々たるものといわなければならないのである。そのような未知な自分とともに人間は生き、そして死んでゆく。

残念なことである。だが、自分の才能資質をすべて発見し、自分という人間を完全に理解するには、人生はあまりに短すぎるのだ。

しかし、だからといって、未知の自分を発見しようとする努力を、怠っていいものだろうか。

私は、そうは思わない。自分の能力や性格に見極めをつけ、その範囲で生きていく人生を、私はもちろん否定することはできない。そんな資格はない。だが、それは少なくも挑戦する人生とはいえないだろう。そして、挑戦なき人生は、その人に大きな驚き、あるいは喜びも結局は与えてくれない、と私は信じる。そういう人生でも、もちろん喜びは体験できるだろうが、自己の新たな一面を発見し、「自分には、こんなところもあったのか」と、自らをより深く理解する喜びは、はるかに大きなものだ、と体験を通して私は思う。

それでは、未知の自分を発見するには、どうしたらいいか。

物音一つ聞こえてこない深夜、机の前に端坐して自分という人間を凝視する。あるいは書物を読んで思索し、内省する。そういう方法もあるだろう。だが、そのようにして未知の自分を発見できる人がいたとしたら、多分、その人は天才なのである。または、特殊の訓練を積んできた人なのである。

では普通の人間の場合、どういうことが自分の中の未知な部分の発見につながるのか。私の体験談を紹介しよう。

高校二年の夏休みに私が土木工事のアルバイトをしたことは、この本の最初のほうで少し触れたと思う。家計を助けるためではなく、単に好奇心から働いてみようと思い立ったのである。

終戦直後というのはもののない時代だった。食べるものがない、着るものがない、住む所がない、といったようにないないづくしであった。その反面、人びとは戦争の傷跡から早く立ち直ろうと必死であった。復興ブームで、山林も次々に伐採されたため、いったん大雨が降ると水があ

「自分の新たな一面を発見し、自らをより深く理解する喜びを持たなければ……」

ふれて堤防は決壊し、海岸線はズタズタになることがしばしばだった。

私がアルバイトをしたのはそういう護岸工事、堤防の修復作業であった。

その工事現場で働く人たちは、私がそれまで接してきた人間とは、まったく異なる種類の人ばかりだった。

第一に、その人たちはけんかがめっぽう強かった。「けんか肌」の人間とでもいうのだろうか。職業柄、そうした気質の人間が多かった。けんか肌というものは、その当時私にはまったく縁のない存在だった。

その当時の私は、見るからに華奢《きやしや》な体つきで、体力には自信があるほうではなかった。小学校の時から、運動面での成績は劣っていた。性格面でも、それほど強く自己主張するたちではなかった。つまり私は、強いとか弱いとかいうより、けんかにはまるで興味がないタイプだったのである。

それはともかく、そういう肌合いの人たちだから、気性も、口のきき方も荒い。何かトラブルが生ずると、決まって大声で相手をののしり、時には手をふり上げることもあった。

しかし私は、自分とは異質のその人たちと、一ヵ月の間ともに土まみれになって働く中で、その人たちの表面には感じられない、意外にも熱い、やさしい情愛があることを知ったのである。

私は、子供の頃、畑の野良仕事を手伝わされたこともあったので、シャベルの扱い方はそれほど下手ではないと思っていた。ところが、工事現場での作業には、私の身につけたシャベルの使い方は通用しないのである。一生懸命に掘るが、少しもはかがいかない。すると、それを見ていた人が、一言も叱りもせずに、こいつはこう使うのだと、手本を示してくれるのである。

またある人は、工事現場の矢倉を組む作業に私が加わろうとすると、ひきとめて本気になって怒ってくれた。これだけは素人が手を出すと大ケガをする。危険だからここは俺たちに任せろ、というのである。

これに似たことは、たびたびあった。そして、そのたびに私は「偉いな」と思い、感動した。日本語では、これを「人情肌」というのであろう。ともかくも、表に出たけんか肌と背中合わせにその人たちの中にある、そうしたやさしさ、熱さを感受し、しかも感動するということは、私の中にもそういう部分があるということにほかならないのだ。

私は数学者という職業柄、コンピューターのような頭脳をもった、いわゆる「クール」な性格の人間に見られがちだが、自分で決してそうは思っていないし、私という人間をよく知る友人たちも、「おまえは森の石松に似ている」とか、時としては格を上げてくれて、「清水の次郎長のようだ」と、いってくれたりする。友人に指摘されるまでもなく、すでに高校生の時に、自分の中にそういう面が何パーセントかあることを、私自身、発見していたのだ。

自分の中に隠れていたものを発見する場には、例えば、このような場もあるだろう。

自分と違ったさまざまな世界の人間と関係し、互いに作用し合うことは、一つの行動《アクション》である。このように、何かの行動を自ら起こし、その中で自己を発見していく。これが大切だ、と私は考えるのである。

この本の主題である創造も、実は、自分の未知なる部分を発見するための、おそらくは最も有効な行動に違いないのである。少なくとも私はそうだった。私は何よりも、ものを創る中で自分の中に眠っていたものを発掘し、より深く自分という人間を理解できるようになったと思う。

創造の喜びの一つは、だから、新たな自己を発見する喜びだともいえるわけである。

耳学問の時代

さまざまな世界に生きている、さまざまな人間と関係することが、自分の未知の部分を発見する一つの契機となる。私は自分の高校時代のささやかな体験談をあげてそういったが、このことを敷衍《ふえん》すると、文化、言語、慣習、歴史も違う外国の人間と交わることも自己発見に有効な一つの手段ということになりそうである。

私の例でいえば、米国、フランスに留学して、自分とはまったく異なった文化の中に生きてきた人たちと一緒に学問を学ぶ中で、自分自身の中に眠っていた資質を新たに掘り当てたような気がする。

「留学」と一口にいっても、昔と今とでは諸々の条件も、留学する人間の気質も、少しずつ違っているようだ。しかし私は、留学してから米国という国に自分がどのようにして溶け込んでいったか、それを読者の後日の参考のために思い起こして書いてみよう。

私が氷川丸でシアトルに着いたのは一九五七年の九月九日。祖国を離れ初めて異国の土を踏んだのだからそれなりの感慨はあっただろうが、あまり詳しいことは覚えていない。ただ、その夜シアトルの安ホテルに泊まったことは記憶にとどめている。宿泊料は一ドル（当時は固定相場制で三百六十円）で、まず、最低のホテルであった。

その頃の留学生は、渡航するにあたって、邦貨にして一万円までドルに換えることができた。しかし、私の所持金はその制限範囲にも及ばない、心もとない金額だったので、それを大事に使う意味から、そんな安ホテルに泊まったのである。もちろん、そのホテルに泊まったのは私一人ではなかった。

翌日、ハーバード大学に留学することになっている他の二人を含めた五人ぐらいの留学生と一緒に、大陸横断列車に乗った。フルブライト留学制度のおかげで、私たちは一等車の個室に乗ることができたので、その限りでは、この上もなく贅沢な汽車の旅だった。だが、食費までは支給されたわけではなかったので、懐中不如意《ふにょい》のために列車の食堂に入ることができない。そこで、列車が駅に停車するたびに、近くのスーパーマーケットに入ってできるだけ安い食糧を買い込んで来ては、空腹を満たした。当時の大陸横断列車はまことに悠長なもので、シカゴ駅などでは半日間も停車するほどだったから、買い物の時間は十分にあったのである。

それはいいが、ある駅に停まった時、留学仲間の一人に頼んで買って来てもらった缶詰には、ちょっと閉口させられた。彼が「ものすごく安かった」と、意気揚々と差し出したその缶詰のラベルには、「ドッグ・フード」と記されていたのだった。最初は少々の抵抗もあったが、食べてみると、意外にも味はそう悪いものではなかった。

そういう滅多にできない汽車の旅を終え、ボストン駅に着いたのはシアトルを出発してから、三日目である。駅に降り立つと、私たちを大学の寮に送り届けてくれるための迎えの車が待っていた。

ボストンの街の第一印象やその時の私の心境なども、二十数年も経っているためほとんど記憶に残っていない。ただ、異国の地で、新しい生活がはじまることの複雑な思いで、おもわず体が身震いしたことだけは覚えている。

私の留学生活は、こうして始まった。

寮での生活は、実に豪華なものだった。食事にしても、朝食には必ず卵二つが出る。昼食は肉料理。そして夕食はステーキだし、しかもステーキは何度でもおかわりできた。あとではさすがに飽きてきて日本の味を恋しく思うこともあったが、最初のうちは毎夜ステーキのおかわりをした。

それに、各人に個室が与えられていたので、贅沢をいわなければ心おきなく勉強することができた。

私は京都大学の大学院にいた頃、週三回の家庭教師と二つの予備校でアルバイトをしていた。このために月収にすると最低で二万五千円あったし、大学の助教授の給料よりも収入が多い時もあった。

それに比べると、奨学金から出るお金で寮費、食費、健康保険とかいろいろの必要経費を引かれて、残るお金は月十ドルの小遣い銭だったので、ゆとりという点では雲泥の差があった。しかし、食・住には困らなかったから特別小遣いもいらなかった。使うといえば、ハーバード・スクエアーで友人とコーヒーを飲むか学用品を買うくらいが関の山である。

米国に渡ってから二、三年の間、私は衣類にはほとんどお金をかけなかった。シャツなどは一、二枚買ったことがあったかもしれないが、ほとんど横浜港を出た時の服装でとおした。何度も洗濯するうちに服はもちろんよれよれになったが、生来あまりオシャレには無頓着であったか

1981年、ハーバード大学よりザリスキー教授に名誉学位が授与されたときの、ザリスキー教授と著者

ら、一向気にしなかった。嫌いではない酒も、留学して三年間はほとんど口にしなかった。おかげで、貯めるつもりはなかったが、月々十ドルの小遣いが積み重なって、その金でタイプライターを一台購入したことがあった。

ただし、書物やノートを買う金には、時として不自由した。そんな時、私を助けてくれたのがザリスキー教授であった。私が困っているのをみると、ザリスキー先生は自分の給料袋から何枚かの紙幣を抜き取って、「これで買え」と貸してくれた。そんなことが幾度かあったが、もちろん後でそのお金はきちんと返した。

ザリスキー教授は、またある時、家庭教師の仕事を私に紹介してくれたこともある。教えた相手は、大学院生だった。手当ては一回教えるたびに五ドルだったから、もちろん二つ返事で引き受けた。

だが、結局、私はザリスキー教授の好意を無にしてしまったのである。二度めに教えたあとだが、その大学院生から、「もう結構です」と、逆に断わられてしまったのだ。理由は私の英語が相手に通じないからだった。

「留学して、言葉の点で随分お困りになったでしょうね」よく私はそんな質問を受けた。確かに人と話したり、勉強を教えたりするのには少し閉口したこともあるが、そのほかは、さほど困ったという経験がなかったように記憶する。

確かに私が身につけた英語は、留学を前にして一生懸命勉強したにもかかわらず、結果的には日常会話の上で役に立たなかったが、私にとっては数学という国際語があったので、学問する上では一向に支障をきたさなかった。そして学問することさえできれば私は幸せなのであり、ほかのことはどうでもよかったのである。それはおそらく、私が専攻したのが自然科学の学問だったからでもあろう。人文科学を学びに留学して来た日本人の中には、語学の点で相当深刻に悩んでいる人も少なくなかったようである。

例えば、ブランダイス大学に留学し、社会学を専攻した私の妻などは、留学した当初、自分自身を十分に表現できない、相手のいっていることが十分に理解できないといった語学力の問題で

昭和38年、渡米後初めての帰国

苦しみ、その上生活習慣などの違いも手伝って、日本人と日本語で一日に十分でもしゃべりたいという衝動にかられた、と述懐したことがある。

私の場合は、そんな経験がないのである。もちろん語学力は今いったように十分ではなかったが、数学という国際語があったことと、当時、ハーバード大学に客員教授として迎えられていた永田先生が、家族同伴でいらしていたおかげもある。永田先生宅を訪れれば、食事も含めて日本の家庭の雰囲気に浸れたし、日本語で数学の話や日常会話も十分にできたのである。

そうこうするうちに留学一年目が過ぎ、二年目に入ると、私は学生寮で知り合った学生二人と一緒にアパートを借りた。そうしたほうが寮費を払うより安く済むからであったが、さすがに私も、それからは、英会話ができなくても平気だ、などといってはいられなくなった。言葉が通じなくては、共同生活を円滑に営んでいけないからだ。

ある朝、私は同居している友だちの一人から滔々《とうとう》とまくしたてられたことがある。要するに、お前は昨夜自分が食べた食事の後片付けをしていない、それは非常にけしからんことであり、共同生活を営む上でのマナーに反する行為だ、と彼は憤然としていうのである。ところが後片付けをしなかったのはもう一人の学生であり、私ではなかった。つまり濡れ衣を着せられたのである。もちろん、私は無実であることを主張したが、悲しいかな思うように言葉が通じないのだ。こんな口惜しいことはない、というわけで、早速私は自分が無実であることを声明する一文を辞書を片手に英語で綴り、それを暗記して、午後になってくだんの友だちが帰って来るのを待ちうけて、堂々と反論した。ところが、その友人は朝自分がいったことを、もうすっかり忘れてしまった風で私のいうことに取りあわないのだ。私は、「思い出せ」といってやったが、結局ノレンに腕押しであった。

またある時、女友だちを家に招いた友だちが、二時間だけ席をはずしてくれというので、仕方なく私はその時、台所で勉強した。ところが、彼は約束の二時間をはるかにオーバーしても、平然と彼女と閑談していた。私はどうにも腹の虫がおさまらなかったので、例によって英文のメモを作成した。それは、もし彼がこう反論してきたら、こちらはこういう言葉でいってやろう、といった式の相手の言葉を予測して書いた問答式の詳細なメモだった。私はこれを暗記し、自信満々、翌朝、彼の面前で弁論に及んだが、当人が前夜の約束をケロリと忘れてしまっていたので、話にならなかった。

ともあれ、こういう具合に、どうしても主張しなければならないことがある時には、いつもこの手を使った。

私はパリに出発するまでのおよそ一年間、そんな生活をしたのだが、この間に私の英会話能力はめきめき向上した。だが、私がやらなければならなかったのは英会話だけではなかった。その頃の私は、ハーバード大学の博士号を取るための資格試験にも良い成績で合格し、博士論文のほうもいつでも書き上げられる成果をもっていたが、そのほかに要求される二つの外国語の試験で、ドイツ語のほうは運よく一度で合格したものの、フランス語のほうは三度も続けて不合格をとってしまった。ザリスキー教授も心配してくれて、彼の奥さんが私の特別の個人教授をしてくださることになり、毎週一回お宅に通ってやっと何ヵ月後かに合格した。とにかく語学ではいろいろと苦労した思い出がある。

それはともかく、私たちが留学した頃と違って、日本の今の若者たちは英米の会話を学ぶのに好い条件を視覚的にも、聴覚的にも、十分に与えられているはずである。語学能力の点では、従って、昔より今のほうが留学しやすい時代だといえる。

当時私たち日本人留学生は、英語がしゃべれないうっぷんを晴らすために、ハークネス・コモンという食堂に集まっては、互いに日本語でしゃべりまくったものである。それは心愉しい時間だった。ハーバードの留学生仲間には、法律、経済、教育、生物、宗教学など、さまざまな分野の学生がいた。

今流行《はや》りの言葉でいえば、〝学際的雰囲気〟とでもいうべきものだった。今、医学や生物学では何が一番の問題点なのか。経済学を専攻する人間の最新の興味は何なのか。米国の教育学、宗教学は何を教えているのか。いろいろな学問分野の人間が好き勝手に話す雰囲気はまさに学際論の様相であった。

私はそういう留学生としゃべり合う中から、いろいろな耳学問をすることができた。この点でも、私は留学して、つくづくよかったと思うのである。

ところで、一体に、この国では耳学問が発達しているのであるが、それには米国という国が、いろいろな国から優秀な人材を引き抜いて高給で雇っているから、いい人材が揃っているという点を見逃すことができない。耳学問というのは、書物から学ぶのではなく、直《じか》にその人と接してその人のもっている知識やものの考え方を学ぶわけだから、優秀な人材が揃っているということは、それだけ啓発される度合いも大きくなるのである。

米国で耳学問が発達していることを示す例として、よくいわれることだが、米国人は日本人と違って質問する術《すべ》がうまい、ということがあげられる。うまいのではなく、要するに、わからないことは何でも質問する習慣があるということにほかならない。

わからないことは何でも質問するということで思い出すのは、コロンビア大学にいた頃の私の教え子だ。

その学生の姿を遠くから見かけたら、どんな教授でも避けて通るほど、会うたびに質問をする学生だった。大学内だけではなく、夜遅くても教授の自宅に電話をかけてきて、一時間余り質問攻めにするという風に、それは徹底していた。もともと体格はずば抜けているが、コロンビア大学に入れるほどの学力がなかった学生だから（経歴が変わっているし、面接してみて馬力があるので入学させた学生だった）、質問は箸にも棒にもかからないものがほとんどだった。私も、大学でも自宅への電話でも彼の旺盛な、しかしくだらない質問には幾度も閉口させられた。

ところが入学してから二年ほど経つと、彼は、そんなくだらない質問ばかりしている学生ではなくなった。たまには質問らしい質問をするようになったのである。そうして、その学生は四年生になって、ついに素晴らしい論文を書き、それが学界一流のジャーナルに発表されるまでに成長したのである。彼はその後、私がハーバード大学に移る時に講師として伴い、以後、スタンフォード大学の助教授を経て、現在、カリフォルニア大学の教授にまでなっている。

この学生に典型的な例を見るように、米国では、質問して学ぶ、つまり耳から学ぶ「耳学問」が学問の一法としてまかり通っている。日本人はとかく「いい質問」と「くだらない質問」を分けたり、あるいは、本当は答えはわかっているのに自分の才能とか、発想とかをひけらかすために質問したりする傾向があるようだが、米国人にはそれがない。いい質問とか、くだらない質問とかに頓着しないで、とにかくわからないことは何でも質問し、できれば質問することだけで学びつくしてやろうという姿勢が、米国人全般にあるのだ。

確かに一流大学の学生なら、この耳学問だけで、短期間にかなりのレベルまで学ぶことができる。例えば三、四百ページの本に書かれていることを学ぼうとしている時、学生は教授のところへ行って、「この本には何が書かれているのですか?」と、日本の大学では考えられないような質問をする。実に幼稚で、おおざっぱな質問であるが、質問された教授はそれに対して懸命になって説明する。するとその説明に対してまた質問を浴びせ、それを何時間かにわたってくり返しているうちに、その本のエキスの大概を学生はつかんでしまうのだ。大部の書を十ページ読んで、わからなくて放棄するより、まるで目を通さずに質問したほうが、結果としては、格段にいいわけである。もちろん、こまかい点は読まなければならないが、大体のエキスあるいは骨格がつかめていれば、本に対する理解は早い。

私がよく学生との間で経験していることなのだが、日本の学生の場合は質問する時に、「why」とか「how」という聞き方が非常に多い。いうまでもなく「why」というのは「なぜか」ということなのであるが、これは〝真理〟(truth)を尋ねているわけである。これに対して米国の学生は「what」という形の質問が非常に多い。「それはいったい何なのか」という聞き方をする。これは〝事実〟（fact）を聞いているわけである。

要するに日本の学生のほうは、事実の背後にある真理を求めていると解釈できる。「why」と問うのは事実だけでは満足できないからだというのであれば、これはこれで立派なことだと思う。しかし真理などというのは、場合によっては情報（information）がいつの間にか真理と錯覚することもあり、事実も知らないくせに「真理」という言葉をふり回して自己満足に酔っている場合もあり得る。一方、事実をはっきり知ることから出発しなければ危険だ、事実から真理を見抜くのは自分の仕事で他人に聞くものではないという態度もある。どちらがよいかという判断はつきかねるが、ともかく日米でそういう違いがあることを知っておくのもよいだろう。

ところで、こうした耳学問は、単に学問の上ばかりではなく、さまざまな局面で利用される。例えば日本のことを知りたがっている米国人は、日本について書かれた本を読むより、まず身近な日本人にどんどん質問するわけである。私も、周囲の米国人から逐一日本のことを質問されたことがあった。質問されれば、答えなければならない。答えなければ、こちらも相手に向かって、それに似たことを質問できないからだ。答えるには、どうしたらいいか。日本とはどういう国か、日本人とはどのような性格をもった国民か、自分で考えたり本を読んだりして、学ばなければならないのである。教えるためには学ばなければならない。いいかえると、学ぶための方法の一つは、人に教えることにある、ともいえるのだ。

それはともかく、こうした経験をくり返す中で、日本という国の見えない特性、日本人特有の生活感情や思考法などについて私が発見したことは、ずいぶんあった。国際化したこれからの社会では、この耳学問が大いに重要な意味をもっているに違いない。

多様性を見る目

米国に留学してよかったと思うことは、このほかにもたくさんある。私はその中から、現在の私に生かされている最も有益だったことを語ってみたい。そのためには、まず、日本の教育と米国の教育の基本的な違いについて触れておく必要があるようだ。

例えば、小・中・高等学校の教育を比較すると、極めて大ざっぱないい方だが、平均性、一律性を重視する日本の教育に対して、米国は多様性を重んずるところがある。

問題は、この「多様性」の意味だが、一つは、地域によって教育が異なるのは当然といった、地域性を重視する考え方が、これに含まれると思う。つまり日本に当てはめれば、北海道の学校教育と九州の学校教育とが違っていて当然であり、むしろ積極的にそうしなければいい教育はできないという考え方だ。

なぜそうなのかというと、理由はさまざまあるだろうが、米国の場合、一つは学校を運営していく上の予算の九割方が、町の不動産税でまかなわれていることが大きく影響している。こうなると町の人の発言が教育に強く反映されるのは当然の話で、そのために教育の地域差が色濃くなるわけである。現にカリキュラムを組むのに大きな権限をもっているのは、町の人たちから選挙された教育委員長だし、校長はその教育委員長の教育政策に結局は従わなければならないのだ。

米国の学校教育が重視する多様性のもう一つの側面は、生徒の個性をできるだけ伸ばそうとする性向である。

人間は生まれた時点で、すでに一人ひとり異なった個性をもっている。赤ん坊ごとに顔かたちも違えば体重も違う。手足の動かし方さえ違っている。表に見える部分だけではない。目に見えない、例えば性格や才能や素質も一人ひとり違っている。その違いが個性の出発点である。その個性を尊重しようというのが、米国の教育である。

具体的には、例えば一クラスの人数を可能な限り少なくしている点（私が知る限り一クラス三十人というのが最も多い）。教師一人ではなく、将来教師になろうとしている助手、すなわち実習生と二人で教育に当たっている点。また、進度に応じて生徒を幾つかのグループに分け、グループごとにそれぞれ異なったテーブルで勉強させながら質問があれば教師、あるいは助手がこれに答える方式をとっている点（教室によっては、日本のように机を並べて教えるところもある）などが、個性尊重の現れとみてよい。

大学への入学制度にも、それが現れている。「跳び級」の制度がそれである。「跳び級」というのは、能力があれば学年をどんどん跳び越して上へ進むことができる制度のことである。例えば、大学には「サマースクール」というのがあって、高校生は夏休みにそのスクールに通い単位を取ることができれば、高校一年でも、あとの二年間を跳び越していきなり大学に入学できるのだ。また入学し、「アドバンス・スタンディング」という試験で良好の成績を上げれば、入学と同時に二年に進級することもできる。そういうわけで、十五、六歳で大学に入って来て、弱冠十九歳で博士号を取得する逸材も、たまに現れるのである。現に、私の教え子の一人には、十九歳で博士号を取得した若者もいる。

このような個性尊重の気風が米国独特の実用主義と相まって、日本の教育では考えられない多様化したカリキュラムを形づくっている。

数学の教科書を例にとると、理数系の学問が好きで将来その道で身を立てる志をもった生徒のためには、日本と同じように『代数』『幾何』『解析』といった教科書が用意されている。だが、そうした難しい教科書だけでなく、例えば将来大工になりたがっている生徒のためには、『大工のための数学《カーペンターズ・マセマティックス》』という教科書があり、農業志望の生徒には『農業従事者のための数学《ファーマーズ・マセマティックス》』という教科書があり、実際、広大な農地のある中部地方の学校の数学教育では、その教科書がさかんに使われているのである。

だが、一般的に高校で一番用いられる数学の教科書は『消費者のための数学《コンシューマーズ・マセマティックス》』だ。なぜその教科書が最も使われるのかというと、現代社会では生産者でも一方では物を買う側、つまり消費者に必然的にならなければならないから、物を買う時に実際に役立つ数学を、多くの生徒が学ぼうとするのである。

米国のこのような多様化した教育のやり方には、一長一短があると私は思う。

短所を上げれば、一つは、生徒の能力に応じてどんどん教えるやり方は、能力のある生徒を伸ばす一方、そうでない生徒を平均的水準にまで引き上げる力に乏しいという点である。米国の若者の学力の平均値が、日本の若者のそれに比べて低いのは、そのためだ。また、「跳び級」の制度が裏目に出て、あまりに背伸びしすぎたために先細りした例、激烈な競争の渦の中に巻き込まれ、そこから落ちこぼれて自信をなくした例、ひどい場合はその結果自ら死を選んだ例も決して少なくないし、現に私の教え子の中にも若くして惜しい命を落とした人もいるのである。この不幸な実例を思い出すたびに、実際、米国はもう少し個々の格差を少なくする教育を考えるべきではないか、と私は思わないわけにはいかないのだ。

そのような短所をもちながら、現実として、米国は多様性を重視した教育を行なっているのである。

米国の教育の是非はともかくとして、そういう教育環境の中で育てられた人間は、自然、一つの物事を多様な観点から見る習慣を無意識のうちに身につけるものである。一概に米国人のすべてがそうだというのでもないし、また日本人は逆に物事を画一的に見る国民だ、などという批評めいた考え方は、むしろ危険だと私は思っているのだが、ともあれ、多様な観点をもった人間は、人が考えもつかなかったことを創造する、つまりめざましい飛躍をやってのける可能性を強くもっているのだ。まったく新しいことを創始する人間が米国から数多く輩出するのは、この国独特のそうした教育のせいではないか、と私は米国暮らしをしているうちに思うようになったのである。

数学の世界でも同様のことがいえるのである。私は、およそ想像もつかない新しいことを数学の中で創始した米国の数学者を数多く、この目にしてきた。いずれも、象牙の塔に籠《こも》って数学だけに目を奪われていては絶対に生まれなかったに違いないものばかりである。数学という、自然科学の中の一学問分野を、広い視野から多様性をもって見直したがために創造できたものばかりなのだ。

例えば、かつてマサチューセッツ工科大学の数学教授をしていたシャノンという人は、私たちが毎日目にし耳に入れる情報の中に数学を導入し、数学による情報理論を創ったのである。

シャノン教授が、そのような情報理論を創始した背景には、第二次世界大戦中に暗号を解く仕事に従事し、暗号解きにも数学的方法があると彼が考えついた経験があるからだという。しかし、まったく同じ体験をしても、数学を他の分野のことと関係させながら見る目がなかったら、この理論は到底生まれなかっただろう。

シャノン教授の情報理論からは、他の数学者によってさまざまな価値ある応用理論が創られた。だが、そうした応用が続々と発表され出した頃、教授自身は、今度は株の数学理論を創っていたのである。

また、ある大学の数学教授が始めたことも、おそらく日本では考えられない、考えつかないようなことだと思う。

人間に生まれたからには、億万長者になってみたいとかねてから夢を抱いていた彼は、事実、数学という学問をフルに使って億万長者になってしまったのである。その教授は若い有能な数学者を育成して、コンピューター関係の企業のコンサルタント会社を創ったのである。私は何も彼がお金持ちになったことを評価しようとしているのではない。

私は、多様性をもった観点から生まれたその発想に、同じ数学者として敬服させられるのである。

このような超一流のことをやってのける米国の数学者たちと直接あるいは間接的に交わる中

で、数学だけではなく、学問そのものに対する私の考え方は、まったく変革された。留学し、そして米国という国に職場をもったことで最も有益だったのは、そのことである。

要約すれば、学者は自分の学問だけを研究していればいいのではないということ。自分の学問を原点として、他の学問や、経済情勢や、社会現象もろもろと関係づける多様性の上に立って、新しいものを創造していく志をもっていなければならない、ということである。

現代の日本はまさに多様な道を歩もうとしている。かつてのように、ひとつのお題目（国家目標）があってそれさえ守っていればいい、それに向かってまっしぐらに努力すればいいという透明な時代ではなくなっている。

私は、二十一世紀の日本を担うであろう若者たちに、そういう広い視野に立って学問することを望むのである。人間はそれぞれの個性をもち、多様な可能性を有していることをまず認識し、学際的な視野で学問を展開してもらいたいと考えている。それが一人ひとりの〝学問の発見〟につながると思うからである。

人生すなわちサービス

私は、自分自身に問いかける。二十一世紀を担う若者に、こうあってほしい、ああなってもらいたいと願望ばかり述べていて、いいのだろうか、と。少なくとも半世紀におよぶ私の人生体験上の知恵や知識を社会に還元しなければならないのではないかと――。私はそんな衝動にかられて、一連の人材育成事業を始めたが、ここでは私自身の心情を中心に述べてみたい。

私は現在、米国ではハーバード大学、日本では京都大学に職場をもっている。つまり日本と米国を行ったり来たりの生活を送っているのだが、そのために、米国という国が今の日本に対してどういう姿勢をとっているか、少しそれが見てとれるのである。

米国は今、一言でいえば、明治以後欧米の文明を輸入しそれを模倣することに終始して来たかに見える日本という国を逆に見直し、この国から自国の政治、経済、文化、社会に有益になる価値あるものを、ひたすらに学びとろうとしているのである。

そのような気運が急速に高まっていったのは、何といっても日本の経済成長に米国が瞠目したことが、大きな動因になったのだ。資源に恵まれないこの小さな島国が、なぜ戦後かくも急速に経済成長できたのか。なぜオイルショックにも、インフレにもめげず、それを切り抜けて、経済先進国の中でも抜群の経済力を蓄えることが可能だったのか。それが米国にとって驚異であり、大いなる疑問なのだ。米国は日本経済のこうした成功の秘密を探ろうと、あらゆる方面から関心をもって日本を見つめているのである。

特に最近の米国で、日本の官僚機構の特性や、財界や企業の構造などを主題とした本が盛んに出版されているのも、そのためである。そうした本の中でも、実際に日本の政財界人に直接会って、日本の経済力の確かさを冷静な目で見てとり、日本から何を学ぶかという点でベストセラーになったエズラ・F・ヴォーゲル氏（ハーバード大学東アジア研究所長）の『ジャパン・アズ・ナンバーワン』（広中和歌子・木本彰子訳＝TBSブリタニカ）は注目される本だと思う。ヴォーゲル氏は本を書いただけでなく、米国各地で積極的な講演活動を行ないながら、日本を見直し、日本から学ぶべきことを強調されている。

日本の、特に企業のシステムがこうした形で見直されていることは、日本人にはまことに結構な話であろう。しかし、このような組織の構造とか、システムだけが日本経済の成功のすべてではない。実は、米国人自身がそのことに気づきだしているのである。

例えば、日本の企業は終身雇用制を採用して成功しているが、これに倣《なら》って実際に終身雇用制を採用したテキサス州のある会社が、かえってこのために経営がおもわしくなくなったという例を私は聞いている。

こうなってくると米国は、単にシステムだけではなく、システムの中で働いている日本人という国民独特の精神性といったものに必然的に眼を向けざるを得なくなったのである。

これは私の知人が勤めている大阪のある会社の例だが、このことを物語るいい材料なので紹介しよう。

その会社の工場は、なぜか事故が絶えなかった。事故を起こすということは、金銭問題を含めて会社にとっては大変な問題なので、会社はあらゆる手をつくして安全対策を講ずるのだが、依然として事故は頻発するばかりだった。例えば作業員が橋桁から落ちるという事故が起きたので、手摺りをつける。すると手摺りがあるからといって、そこから身を乗り出して仕事をしているうちに落ちてしまったという事故が起きる。今度は手摺りの下に落ちるのを防ぐための網を張る。すると網があるから大丈夫というので、手摺りにぶらさがって網の端のところまで行って、また落ちるという具合に、いかに合理的な対策をとっても、一向に事故はなくならなかったのである。

ところが、その会社の社長が工場の敷地を調べたところ、かつてそこにはお稲荷さんが祀られていたことがわかったのである。社長はそこで、お稲荷さんを復元し、全社員を挙げて安全祈願をこめたお祓いを盛大に催した。つまりこれまで事故が絶えなかったのは、工場を建てるために取り壊したお稲荷さんの祟《たた》りであって、お祓いをしておけばもう心配はない、というわけである。そして、安全祈願をした後、完全に事故はなくなったのである。

これに対する見方は人によって千差万別だろうが、私はここに、日本人の精神性の不可思議な一面がいみじくも現れていると考えるのだ。

こうした日本人の神秘性を、米国は今しきりに探り当てようとしているのである。日本の為政者の内面を描いた『将軍』という本や、日本的な求道者を扱った『宮本武蔵』の英語訳の本が米国の、特にビジネスマンの間に爆発的に売れたのは、米国人がいかに日本人の精神性に深い興味をもっているかを示す好個の材料である。

歌舞伎などの日本古来の芸能、茶道や華道などの伝統芸術や武道、また、日本建築の様式などが米国に吸収されている現象も、そのことと無関係ではないだろう。

米国は、今そのようにして日本に学ぼうとしている。では、日本はどうか。それよりも前に、日本が学ぶべきものが米国という国に今、存在するかということが、ここで問題になる。

私は、米国のスーパーマーケットの視察をしてきた日本人から、「いろんな会社を見て来たが、米国の会社はガタガタだ。何も学ぶことはなかった」といった意味の言葉を聞いたことがある。多分、その人は観光旅行でもするように、米国企業社会の表面をザッと眺めて来たにすぎないのではないかと思う。

結論から先にいえば、私はこのような見方、考え方には反対なのである。日本は確かに経済成長を遂げ、米国と肩を並べるまでになったかもしれない。しかし、あと二十年足らずで迎える二十一世紀という超国際化の時代を考えた時、今ここで日本が米国に学んでおかなければ、とんでもない危機に立たされるのではないか、と私は思うのだ。

理由はこうである。

米国の社会は、今確かに幾つかの弱点を抱えている。専門家ではないので、私はそれを分析することはできないが、米国に長く暮らしたためにそれは見えているつもりである。

弱点の第一は、優秀な人材が工業よりサービス業に吸収されていること。また割合からいっても、ＧＮＰの六割がサービス産業によるものであり、労働力の七十五パーセントが何らかの形でサービス業に関係していることである。こうなると工業の先行投資が衰え、その結果工業力が伸び悩むのは必然で、現に米国は今「再工業化」を深刻に練っているところである。

弱点の第二は、人種問題、特に人口の十二パーセント程度を占める黒人問題、さらに女性雇用問題に多くの企業が面と向かって取り組まなければならない状況にあることだ。なぜなら「差別会社」というレッテルがつくと、政府から厳しい勧告が出されるからである。

そして第三は、米国の企業社会では、人材がどんどん流動する性向をもっているために、長期的な計画性が欠如している点である。例えば、ある会社の社長を五年契約で務めた人は、その五年という短期間に目立った業績を上げないとお払い箱になるのが、米国の企業の常識であるが、確かにこうした短期決戦主義では、一企業の将来を長期的に展望できない面がある。

このほかにも米国の弱点はあるだろうが、差し当たってこの三つを俎上《そじょう》に載せてみると、私には、いずれの弱点も観点を変えてみれば米国の長所に見えるのである。

まず第一の弱点であるが、もしも現在取り組まれている再工業化が進み工業力が高まると、有能な人材をサービス産業部門に多く抱えていることが、国際関係の上で俄然米国の強みになるのである。そうなると日本は必然的に試練に立たされるに違いない。

第二の人種問題、女性雇用問題は、米国の企業社会が当面している問題の中でも、最も深刻な問題かもしれない。特に黒人問題は私たち日本人が想像する以上に根が深く、教育などのさまざまな要素が複雑に絡《から》み合って、政府が解決しようとすればするほど隠れていたうみがかえって出てしまう観がある。また、黒人を雇用したために生産性が落ちたという例が必ずしも少なくないのが現状である。

だが、米国の政府は、なおも解決の手をゆるめない。それは、三百年にわたる黒人差別の歴史を一朝一夕には塗りかえられないという考え方があるからだ。政府はこのために、親子三代かけても現状を改善していこうという長期的な姿勢をもって、二十一世紀の初めには黒人の中から優れた人材を発掘しようと考えているのである。また、女性についても、女性を雇用させることで現状では多少のマイナス面が出ても、仕事をもった責任感から将来、想像もつかなかった才能が彼女たちから発揮されるかもしれないと見ているのだ。

この人材発掘が米国政府の思惑通り成功すれば、二十一世紀に入った頃に日本は大いに考え直さなければならなくなる。特に、スポーツ界の例を見てもわかるように、黒人は非常にパワーをもっている。そのパワーが生産性に向けば、日本としてはそう安閑としているわけにはいかないに違いない。

第三の弱点である、企業に長期性がないということについても、これと同様のことがいえる。企業の長期性がなければ、政府が長期性をもつ。現に米国は、長期的な、国際的な戦略を立てているのだ。それに対抗するものが日本にあるかというと、私にはそうは思えないのだ。

このように考えてみると、日本はうかうかとはしていられないはずなのである。戦後三十数年経って、日本経済は「米国に追いついた。今からは追い抜く時代で、米国に学ぶものは何もない」などとはいっていられないはずなのである。

これもよくいわれることだが、米国はいわば研究人材を輸入する国であるのに対して日本は、研究成果を輸入する国である。米国は、外国で何か新しい研究、将来性のある研究をしている人間がいると、その人材を引き抜いてくるというやり方をとっている国である。

そういう意味で、米国が今、日本に学ぼうとしているのなら、人材輸入主義が常識の米国に、日本人はより出て行きやすい状況が整っているわけである。日本人はこのことを有効に利用して、米国に行き、米国社会の中で切磋琢磨しながら生活し、日本のいい点を教え、逆に米国の長所を身につけて帰って来るべきだ、と私は思うのだ。そういう互いに貢献し合う時代が、日本のこれからに訪れるべきだと思う。

一つの例をあげれば、日本人は米国独特の共同研究のためのチームづくりを、実際にその中に飛び込んで経験することによって、身につけることがこれから非常に大切だ、と私は思っている。

米国は国籍を問わずさまざまな国から人材を輸入する国である。このことがチームづくりに反映され、そこから意外な成果を生むことが多いのだ。

日本的なやり方では、まず、人を集めてチームをつくり、そこのメンバーをシントナイズ(syntonize)する。シントナイズとは、トーンを同じにすること、つまり同調、協調の雰囲気をつくることに主眼を置くのである。それからシンクロナイズ(synchronize)する、すなわち全員一斉の活動ができるわけである。

これに対して米国の場合は、外からいろいろな人材を引っぱってきているわけであるから、しかも、それらの人たちは優秀であり、個性が強いから、非常に扱いにくい。さらに国が異なれば慣習も違ってくるし、生活感情も違う。そういう人たちを集めてチームをつくるという場合は、実際問題としてシンクロナイズすることは不可能である。へたにシンクロナイズしようとすれば、せっかくもっているそれぞれの人材の能力が十分に発揮できなくなってしまう。

そこで、最近よくケミカライズ（chemicalize）という言葉が使われるようになった。このケミカライズというのはどういうことかというと、異質なものを集めれば当然、衝突が起きるだろうし、対立も起こるだろう。しかし、そのほうが活気がある。お互いに個性をぶっつけ合うことによって、「化学反応《ケミカル・リアクション》」を起こさせようではないかという考え方である。

化学反応というのは、例えば酸素と水素が結合して水ができるように、異質なものが集まって、しかもどちらの側にもないものを生み出そうという考え方である。このような化学反応の成果を期したチームづくりは、意外なものを真剣につくらねばならないという時期にさしかかっている今日、日本人が米国という国で体験を通して学びとってくるべきことの一つだ、と考える。

前述したように、これからは日本と米国が積極的に交流し、互いに長所を学び合い、また貢献し合う時代だと思う。私は、まだまだ小さな試みにすぎないが、そのために教育の中で一つのプログラムをつくろうとしている。「数理科学者育成事業」がその一つである。これは、数理科学の素質をもつ学生、若い研究者を海外に留学させ、優れた人材の育成を目的とするものである。一九八〇年より実施している。

なぜ、そういうことを始めたのか。確かに以前よりは留学に対してその必要性を認める人は少なくなっている。かつては外国でしか学べなかったことが、現代日本では容易に学べるからであろう。しかし、なおかつ私は、留学はすべきだと信じている。

米国の教育は前述したように、少なからず問題を抱えている。しかし、超一流の人間をつくるにはふさわしい要素もまた、米国という国にはあるわけである。そういう長所を何パーセントか取り入れて、超一流の人間が何パーセントか日本に育つ環境をつくることが、私の夢なのだ。その夢は実現されないかもしれない。しかし、実現される可能性がまったくないとはいえないのである。

人の一生は、ある意味では他人へサービスし、他人からサービスされるという原理で成り立っている。私は何パーセントかの可能性を信じて、少なくともあと十年くらいは、数学の分野で一つの支流をつくることに賭けてみたいのである。

日本は教育立国の国であるということがいわれる。確かに戦後の日本の教育水準が、相当にレベルアップしたことは間違いない。日本の学校教育の一般的な方式は、文部省が中心になって、教科書も学習指導要領や検定で内容が制約・統一され、バラツキがあまりなくなった。その上、一般的な国民感情として、教育の機会平等主義というか、差別をなくそう、学校格差をなくそう、それが公平だという考え方が欧米などと比べて強い。そのことが、教育水準を高めた要因でもあろうが、一方では、成績の優劣で人間の評価が決まってしまう弊害も生み出しているのではないだろうか。

久しぶりに訪れた母校の由宇小学校で後輩たちに囲まれて

私の中学校の同級生でレストランを経営したり、養殖をしたり、売店のチェーン店をつくり、ビジネスで非常に成功している人がいる。その彼と二人で恩師を訪ねた時、恩師が彼に、「広中は数学ができたけれど、お前は数学が苦手だったね。足し算まではよかったが、引き算になるとよく間違っていたね。そんな君が商売の天才になるとはね」

といって感心したのである。

その時の彼の返事がふるっていた。「私は儲けてばかりいるから、足し算ばかりで引き算は全然使いませんよ」といったのである。

商売に成功するのも一つの才能である。人間の才能というのは、私のようなものもあれば、彼のような才能もある。どちらが上とか下というものではない。それぞれの個性、才能をどんどん伸ばす。それが多様化に生きる生き方である。

若者へ！

「西洋文明が没落したきっかけは、死んだ人を飾り出した時から始まった」

と、いった人がいた。お寺のお坊さんで、同時に大学で哲学を教えている人である。つまり、子供たちに親や祖父母の死に目を見せずに、花で飾り立てた棺桶に亡骸《なきがら》を納めた後に初めて見せる習慣ができてから、西洋文明は衰退の一途をたどっていったというのである。肉親の死に直面するということは、確かに子供にとっては一時的には大変なショックであるかもしれない。しかし、そのことが、また人間のウォントを自覚するのに大きなプラスの力になるという考え方であろうと私は理解した。

私は戦争中、学徒動員で山口県光市にある海軍工廠《こうしょう》の弾丸をつくる工場で働いていた。中学生だった私はそこで空襲を受けた時の訓練をたびたびさせられたが、同級生も私も走るのが億劫だから、いつも隠れて訓練をさぼっていた。ところが、ある日、突然、空襲があった。凄まじい爆音が聞こえたかと思うと、夕立のように爆弾が降りかかってきた。日頃訓練をさぼっていた私たちは、「逃げろ！」ともいわれないのに懸命になって防空壕をめざして一目散に走った。私はその途中でいくつもの死骸を飛びこえた。人間の本能だろうか、咄嗟《とっさ》に頭を物陰に隠したに違いないそれらの亡骸は、臀部を砕かれて無惨な姿をさらしていた。

死がなければ生は存在しない。死があるからこそ生は存在する。その哲学者がいったように、飾り立てられた棺桶だけを見せられる西洋の子供は、確かに生と裏合わせに存在する死を知らずに、それゆえ生の素晴らしさを認識する契機を奪われたといえるかもしれない。

生きているということは、それ自体素晴らしいことなのである。その素晴らしい生を、より素晴らしく生きるのは、生きている人間の特権である。その特権を放棄することは、ある意味では、死者に対する冒瀆《ぼうとく》とはいえまいか。

私はこの本の中で、より素晴らしく生きるにはどうしたらいいか、ということを私のささやかな体験を通して模索してきたように思う。そこで、これからの時代により素晴らしい人生を生きるには、何が大切か、私の意見を書いて結んでおきたい。

現代の日本の時代相を表現するのに、「ダイナミック」という言葉ほどふさわしいものはない。「ダイナミック」とは「動的な」という意味に解していただいて結構だが、私はそれに「非常に」という副詞をつける必要を、感じないではいられない。

激烈なダイナミズムを胚胎したこうした時代は、過去の日本にも存在した。

例えば、幕末である。

しかし、幕末の激変動と現代日本のそれを比較してみて気づくのは、前者が二つ、または三つの明確な立場がそれぞれに長期的な目標をもってぶつかり合った結果生じた激変であるのに対して、今の日本の激変は、多様化した価値観が互いに衝突し合い、複雑な変動をとげていることに特徴がある。

数学には、「古典解析学」という分野がある。この分野の数学の根本理念は、原理と、出発点での条件さえ明らかになれば未来が予測できるということにある。この古典解析学的方法は、幕末の激変に対しては通用したかもしれない。しかしそれは、今の日本にはあてはめることはできないのだ。それゆえ、あと二十年足らずで迎える二十一世紀の日本がどうなるのかということは、現在の変動がそのように見通しのきかない変動であるために、容易に予測できないのである。

ただいえるのは、この特異なダイナミズムにますます拍車がかかり、変動がさらに大型になり、急速になり、複雑になり、そうして個々の価値観が今以上に多様化するだろう、ということである。

若者は、あるいは私も、そういう二十一世紀に突入し、その中で生き抜いていかなければならない。

では、私たちはどうしたら、このような激動の時代に対処できるのだろうか。

私たちにこれから最も要求されるのは、自分自身の判断力（多様な人生を生き抜く選択の知恵である）と考える力だと思う。

原理とか、原則とかに固執していては、多様性と、変動に対処していけないのである。変動と多様化に対処するための教科書は存在しない。自分自身で素心になり深く考え、その結果、最も賢明な選択をすることだけが、残された唯一の方法だと私は思うのだ。

こういうといかにも多難な時代のようであるが、実は私は、逆にむしろいい時代だと思っている。変動し、多様化する時代こそは、個人が自己の可能性を発揮しやすい時代だからだ。

十人十色というけれども、人は生まれた時に、すでに一人ひとり異なっている。外面だけではなく、性格、資質といった目に見えない部分も違う。だから、人それぞれ可能性は、当然、多種多様であるべきはずなのである。

ところが、人はともすると、この多様性に目をつむりたがるのだ。なぜか。安心したいからである。あるいは迷いたくないからである。例えば、一流大学に入り一流企業に就職するという、いわゆるエリートコースに身を置けば、迷うこともなく、不安にかられることもない、と人は考える。それゆえ、多様性に対して、人は目をつむりたがるのだ。

変動は、上は上、下は下といった、こうした直線的な進み方を変えるだろう。人はもはや、多様性に対して目をおおってはいられなくなるのだ。自分自身の可能性を懸命になって掘り当て、独自の生きがいを創造しなければならなくなるのだ。

社会も、また、そのことをすべての人に要求せずにはいられなくなるに違いない。独自の生きがいを創造できずに、変動に置いてきぼりにされ、多様化に見放され、絶望感に支配された人間が比重を占めるようになっては、社会はおびただしく混乱し、悪くすれば、覆《くつがえ》ってしまうからである。

独自の生きがいを創造するために、自分自身の中に眠っている可能性を掘り当てていかなければならない。それがいかに難しいことでも、労苦を伴うことでも、時代を生き抜くためには、そのことが必要になってくるのだ。

この本で体験をまじえながら私の語ったことが、二十一世紀を活躍の舞台とされるに違いない読者の、これからの人生に何かの形で役立つならば柄にもなく自分の過去をふり返った価値が生じるというものである。

広中平祐（ひろなか　へいすけ）

昭和六年四月九日　山口県生まれ
昭和二十九年　京都大学理学部卒業
昭和三十五年　ハーバード大学大学院数学科修了
昭和三十九年　コロンビア大学教授
昭和四十二年　朝日賞受賞
昭和四十三年　ハーバード大学教授
昭和四十五年　「代数多様体の研究」で日本学士院賞受賞
同年　「複素多様体の特異点に関する研究」でフィールズ賞受賞
昭和五十年　文化勲章受章
昭和五十一年　京都大学教授
昭和五十八年　京都大学数理解析研究所所長
平成八年　山口大学長
平成十六年　レジオン・ドヌール勲章受章

N.D.C.404　240p　18cm

ブルーバックス　B-2065

学問《がくもん》の発見《はつけん》

数学者が語る「考えること・学ぶこと」

2018年７月20日　第１刷発行
2024年２月９日　第７刷発行

著者　広中平祐《ひろなかへいすけ》

発行者　森田浩章
発行所　株式会社講談社
〒112-8001　東京都文京区音羽2-12-21
電話　出版　03-5395-3524
販売　03-5395-4415
業務　03-5395-3615
印刷所　（本文印刷）株式会社新藤慶昌堂
（カバー表紙印刷）信毎書籍印刷株式会社
製本所　株式会社国宝社

定価はカバーに表示してあります。

ISBN978－4－06－512497－0

発刊のことば

科学をあなたのポケットに

二十世紀最大の特色は、それが科学時代であるということです。科学は日に日に進歩を続け、止まるところを知りません。ひと昔前の夢物語もどんどん現実化しており、今やわれわれの生活のすべてが、科学によってゆり動かされているといっても過言ではないでしょう。

そのような背景を考えれば、学者や学生はもちろん、産業人も、セールスマンも、ジャーナリストも、家庭の主婦も、みんなが科学を知らなければ、時代の流れに逆らうことになるでしょう。

ブルーバックス発刊の意義と必然性はそこにあります。このシリーズは、読む人に科学的に物を考える習慣と、科学的に物を見る目を養っていただくことを最大の目標にしています。そのためには、単に原理や法則の解説に終始するのではなくて、政治や経済など、社会科学や人文科学にも関連させて、広い視野から問題を追究していきます。科学はむずかしいという先入観を改める表現と構成、それも類書にないブルーバックスの特色であると信じます。

一九六三年九月　　野間省一

ブルーバックス　数学関係書（I）

116 推計学のすすめ　佐藤　信
120 統計でウソをつく法　ダレル・ハフ　高木秀玄＝訳
177 ゼロから無限へ　C・レイド　芹沢正三＝訳
325 現代数学小事典　寺阪英孝＝編
722 解ければ天才！　算数100の難問・奇問　中村義作
833 虚数 i の不思議　堀場芳数
862 対数 e の不思議　堀場芳数
926 原因をさぐる統計学　豊田秀樹／前田忠彦／柳井晴夫
1003 マンガ　微積分入門　藤岡文世＝絵　岡部恒治
1013 違いを見ぬく統計学　豊田秀樹
1037 道具としての微分方程式　吉田　剛＝絵　斎藤恭一
1201 自然にひそむ数学　佐藤修一
1243 高校数学とっておき勉強法　鍵本　聡
1312 マンガ　おはなし数学史　佐々木ケン＝漫画　仲田紀夫＝原作
1332 集合とはなにか　新装版　竹内外史
1352 確率・統計であばくギャンブルのからくり　谷岡一郎
1353 算数パズル「出しっこ問題」傑作選　仲田紀夫
1366 数学版　これを英語で言えますか？　E・ネルソン＝監修　保江邦夫＝著
1383 高校数学でわかるマクスウェル方程式　竹内　淳
1386 素数入門　芹沢正三
1407 入試数学　伝説の良問100　安田　亨
1419 パズルでひらめく　補助線の幾何学　中村義作
1429 数学21世紀の7大難問　中村　亨
1433 大人のための算数練習帳　佐藤恒雄
1453 大人のための算数練習帳　図形問題編　佐藤恒雄
1479 なるほど高校数学　三角関数の物語　原岡喜重
1490 暗号の数理　改訂新版　一松　信
1493 計算力を強くする　鍵本　聡
1536 計算力を強くするpart2　鍵本　聡
1547 広中杯　ハイレベル　算数オリンピック委員会＝監修　中学数学に挑戦　青木亮二＝解説
1557 やさしい統計入門　柳井晴夫／C・R・ラオ　田栗正章／藤越康祝
1595 数論入門　芹沢正三
1598 なるほど高校数学　ベクトルの物語　原岡喜重
1606 関数とはなんだろう　山根英司
1619 離散数学「数え上げ理論」　野﨑昭弘
1620 高校数学でわかるボルツマンの原理　竹内　淳
1629 計算力を強くする　完全ドリル　鍵本　聡
1657 高校数学でわかるフーリエ変換　竹内　淳
1677 新体系　高校数学の教科書（上）　芳沢光雄
1678 新体系　高校数学の教科書（下）　芳沢光雄
1684 ガロアの群論　中村　亨

ブルーバックス　数学関係書（III）

ブルーバックス　物理学関係書（I）

79　相対性理論の世界　J・A・コールマン　中村誠太郎＝訳
563　電磁波とはなにか　後藤尚久
584　10歳からの相対性理論　都筑卓司
733　紙ヒコーキで知る飛行の原理　小林昭夫
911　電気とはなにか　室岡義広
1012　量子力学が語る世界像　和田純夫
1084　図解　わかる電子回路　加藤　肇／見城尚志／高橋　久
1128　原子爆弾　山田克哉
1150　音のなんでも小事典　日本音響学会＝編
1174　消えた反物質　小林　誠
1205　クォーク　第2版　南部陽一郎
1251　心は量子で語れるか　ロジャー・ペンローズ／A・シモニー／N・カートライト／S・ホーキング　中村和幸＝訳
1259　光と電気のからくり　山田克哉
1310　「場」とはなんだろう　竹内　薫
1380　四次元の世界（新装版）　都筑卓司
1383　高校数学でわかるマクスウェル方程式　竹内　淳
1384　マックスウェルの悪魔（新装版）　都筑卓司
1385　不確定性原理（新装版）　都筑卓司
1390　熱とはなんだろう　竹内　薫
1391　ミトコンドリア・ミステリー　林　純一
1394　ニュートリノ天体物理学入門　小柴昌俊
1415　量子力学のからくり　山田克哉
1444　超ひも理論とはなにか　竹内　薫
1452　流れのふしぎ　石綿良三／根本光正＝著　日本機械学会＝編
1469　量子コンピュータ　竹内繁樹
1470　高校数学でわかるシュレディンガー方程式　竹内　淳
1483　新しい物性物理　伊達宗行
1487　ホーキング　虚時間の宇宙　竹内　薫
1509　新しい高校物理の教科書　山本明利／左巻健男＝編著
1569　電磁気学のABC（新装版）　福島　肇
1583　熱力学で理解する化学反応のしくみ　平山令明
1591　発展コラム式　中学理科の教科書　第1分野（物理・化学）　滝川洋二＝編
1605　マンガ　物理に強くなる　関口知彦＝原作　鈴木みそ＝漫画
1620　高校数学でわかるボルツマンの原理　竹内　淳
1638　プリンキピアを読む　和田純夫
1642　新・物理学事典　大槻義彦／大場一郎＝編
1648　量子テレポーテーション　古澤　明
1657　高校数学でわかるフーリエ変換　竹内　淳
1675　量子重力理論とはなにか　竹内　薫
1697　インフレーション宇宙論　佐藤勝彦

ブルーバックス　物理学関係書（II）

1701 光と色彩の科学　齋藤勝裕
1715 量子もつれとは何か　古澤　明
1716 「余剰次元」と逆二乗則の破れ　村田次郎
1720 傑作！　物理パズル50　ポール・G・ヒューイット＝作　松森靖夫＝編訳
1728 ゼロからわかるブラックホール　大須賀健
1731 宇宙は本当にひとつなのか　村山　斉
1738 物理数学の直観的方法（普及版）　長沼伸一郎
1776 現代素粒子物語（高エネルギー加速器研究機構）＝協力　中嶋　彰／KEK
1780 オリンピックに勝つ物理学　望月　修
1799 宇宙になぜ我々が存在するのか　村山　斉
1803 高校数学でわかる相対性理論　竹内　淳
1815 大人のための高校物理復習帳　桑子　研
1827 大栗先生の超弦理論入門　大栗博司
1836 真空のからくり　山田克哉
1860 発展コラム式　中学理科の教科書　改訂版　物理・化学編　滝川洋二＝編
1867 高校数学でわかる流体力学　竹内　淳
1871 アンテナの仕組み　小暮裕明　小暮芳江
1894 エントロピーをめぐる冒険　鈴木　炎
1905 あっと驚く科学の数字　数から科学を読む研究会
1912 マンガ　おはなし物理学史　小山慶太＝原作　佐々木ケン＝漫画

1924 謎解き・津波と波浪の物理　保坂直紀
1930 光と重力　ニュートンとアインシュタインが考えたこと　小山慶太
1932 天野先生の「青色LEDの世界」　天野　浩／福田大展
1937 輪廻する宇宙　横山順一
1940 すごいぞ！　身のまわりの表面科学　日本表面科学会
1960 超対称性理論とは何か　小林富雄
1961 曲線の秘密　松下泰雄
1970 高校数学でわかる光とレンズ　竹内　淳
1981 宇宙は「もつれ」でできている　ルイーザ・ギルダー　山田克哉＝監訳　窪田恭子＝訳
1982 光と電磁気　ファラデーとマクスウェルが考えたこと　小山慶太
1983 重力波とはなにか　安東正樹
1986 ひとりで学べる電磁気学　中山正敏
2019 時空のからくり　山田克哉
2027 重力波で見える宇宙のはじまり　ピエール・ビネトリュイ　安東正樹＝監訳　岡田好恵＝訳
2031 時間とはなんだろう　松浦　壮
2032 佐藤文隆先生の量子論　佐藤文隆
2040 ペンローズのねじれた四次元　増補新版　竹内　薫
2048 $E=mc^2$のからくり　山田克哉
2056 新しい1キログラムの測り方　臼田　孝

ブルーバックス　物理学関係書（III）

2061 科学者はなぜ神を信じるのか　三田一郎
2078 独楽の科学　山崎詩郎
2087 「超」入門　相対性理論　福江　淳
2090 はじめての量子化学　平山令明
2091 いやでも物理が面白くなる　新版　志村史夫
2096 2つの粒子で世界がわかる　森　弘之
2100 プリンシピア　自然哲学の数学的原理　第I編　物体の運動　アイザック・ニュートン　中野猿人＝訳・注
2101 プリンシピア　自然哲学の数学的原理　第II編　抵抗を及ぼす媒質内での物体の運動　アイザック・ニュートン　中野猿人＝訳・注
2102 プリンシピア　自然哲学の数学的原理　第III編　世界体系　アイザック・ニュートン　中野猿人＝訳・注
2115 量子力学と相対性理論を中心として　「ファインマン物理学」を読む　普及版　竹内　薫
2124 時間はどこから来て、なぜ流れるのか？　吉田伸夫
2129 電磁気学を中心として　「ファインマン物理学」を読む　普及版　竹内　薫
2130 力学と熱力学を中心として　「ファインマン物理学」を読む　普及版　竹内　薫
2139 量子とはなんだろう　松浦　壮
2143 時間は逆戻りするのか　高水裕一
2162 トポロジカル物質とは何か　長谷川修司
2169 アインシュタイン方程式を読んだら「宇宙」が見えた　深川峻太郎
2183 早すぎた男　南部陽一郎物語　中嶋　彰
2193 思考実験　科学が生まれるとき　榛葉　豊
2194 宇宙を支配する「定数」　臼田　孝
2196 ゼロから学ぶ量子力学　竹内　薫

ブルーバックス　コンピュータ関係書

1084 図解 わかる電子回路　加藤 肇／見城尚志／高橋 久
1769 入門者のExcel VBA　立山秀利
1783 知識ゼロからのExcelビジネスデータ分析入門　住中光夫
1791 卒論執筆のためのWord活用術　田中幸夫
1802 実例で学ぶExcel VBA　立山秀利
1825 メールはなぜ届くのか　草野真一
1850 入門者のJavaScript　立山秀利
1881 プログラミング20言語習得法　小林健一郎
1926 SNSって面白いの?　草野真一
1950 実例で学ぶRaspberry Pi電子工作　金丸隆志
1962 脱入門者のExcel VBA　立山秀利
1989 入門者のLinux　奈佐原顕郎
1999 カラー図解 Excel「超」効率化マニュアル　立山秀利
2001 人工知能はいかにして強くなるのか?　小野田博一
2012 カラー図解 Javaで始めるプログラミング　高橋麻奈
2045 サイバー攻撃　中島明日香
2049 統計ソフト「R」超入門　逸見 功
2052 カラー図解 Raspberry Piではじめる機械学習　金丸隆志
2072 入門者のPython　立山秀利
2083 ブロックチェーン　岡嶋裕史
2086 Web学習アプリ対応 C語入門　板谷雄二
2133 高校数学からはじめるディープラーニング　金丸隆志
2136 生命はデジタルでできている　田口善弘
2142 ラズパイ4対応 カラー図解 最新Raspberry Piで学ぶ電子工作　金丸隆志
2145 LaTeX超入門　水谷正大

35 計画の科学　加藤昭吉
733 紙ヒコーキで知る飛行の原理　小林昭夫
921 自分がわかる心理テスト　芦原　睦／桂　戴作＝監修
1063 自分がわかる心理テストPART2　芦原　睦＝監修
1073 へんな虫はすごい虫　安富和男
1084 図解　わかる電子回路　加藤　肇／見城尚志／高橋　久
1112 頭を鍛えるディベート入門　松本　茂
1234 子どもにウケる科学手品77　後藤道夫
1245 「分かりやすい表現」の技術　藤沢晃治
1273 もっと子どもにウケる科学手品77　後藤道夫
1284 理系志望のための高校生活ガイド　鍵本　聡
1307 理系の女の生き方ガイド　宇野賀津子／坂東昌子
1346 図解　ヘリコプター　鈴木英夫
1352 確率・統計であばくギャンブルのからくり　谷岡一郎
1353 算数パズル「出しっこ問題」傑作選　仲田紀夫
1364 理系のための英語論文執筆ガイド　原田豊太郎
1366 数学版　これを英語で言えますか？　E・ネルソン／保江邦夫＝監修
1368 論理パズル「出しっこ問題」傑作選　小野田博一
1387 「分かりやすい説明」の技術　藤沢晃治
1396 制御工学の考え方　木村英紀
1413 『ネイチャー』を英語で読みこなす　竹内　薫
1420 理系のための英語便利帳　倉島保美／榎本智子／黒木　博＝絵
1443 「分かりやすい文章」の技術　藤沢晃治
1478 「分かりやすい話し方」の技術　吉田たかよし
1493 計算力を強くする　鍵本　聡
1516 競走馬の科学　JRA競走馬総合研究所＝編
1520 図解　鉄道の科学　宮本昌幸
1536 計算力を強くするpart2　鍵本　聡
1552 「計画力」を強くする　加藤昭吉
1553 図解　つくる電子回路　加藤ただし
1573 手作りラジオ工作入門　西田和明
1596 理系のための人生設計ガイド　坪田一男
1623 「分かりやすい教え方」の技術　藤沢晃治
1629 計算力を強くする　完全ドリル　鍵本　聡
1630 伝承農法を活かす家庭菜園の科学　木嶋利男
1653 理系のための英語「キー構文」46　原田豊太郎
1660 図解　電車のメカニズム　宮本昌幸＝編著
1666 理系のための「即効！」卒業論文術　中田　亨
1671 理系のための研究生活ガイド　第2版　坪田一男
1676 図解　橋の科学　土木学会関西支部＝編／田中輝彦／渡邊英一他
1688 武術「奥義」の科学　吉福康郎
1695 ジムに通う前に読む本　桜井静香

ブルーバックス　趣味・実用関係書(II)

1696	ジェット・エンジンの仕組み	吉中 司
1707	「交渉力」を強くする	藤沢晃治
1725	魚の行動習性を利用する釣り入門	川村軍蔵
1773	「判断力」を強くする	藤沢晃治
1783	知識ゼロからのExcelビジネスデータ分析入門	住中光夫
1791	卒論執筆のためのWord活用術	田中幸夫
1793	論理が伝わる　世界標準の「書く技術」	倉島保美
1796	「魅せる声」のつくり方	篠原さなえ
1813	研究発表のためのスライドデザイン	宮野公樹
1817	東京鉄道遺産	小野田 滋
1847	論理が伝わる　世界標準の「プレゼン術」	倉島保美
1864	科学検定公式問題集　5・6級	桑子 研／竹田淳一郎　竹内 薫＝監修
1868	基準値のからくり	村上道夫／永井孝志　小野恭子／岸本充生
1877	山に登る前に読む本	能勢 博
1882	「ネイティブ発音」科学的上達法	藤田佳信
1895	「育つ土」を作る家庭菜園の科学	木嶋利男
1900	科学検定公式問題集　3・4級	桑子 研／竹田淳一郎　竹内 薫＝監修
1910	研究を深める5つの問い	宮野公樹
1914	論理が伝わる　世界標準の「議論の技術」	倉島保美
1915	理系のための英語最重要「キー動詞」43	原田豊太郎
1919	「説得力」を強くする	藤沢晃治
1926	SNSって面白いの？	草野真一
1934	世界で生きぬく理系のための英文メール術	吉形一樹
1938	門田先生の3Dプリンタ入門	門田和雄
1947	50ヵ国語習得法	新名美次
1948	すごい家電	西田宗千佳
1951	研究者としてうまくやっていくには	長谷川修司
1958	理系のための法律入門　第2版	井野邊 陽
1959	図解　燃料電池自動車のメカニズム	川辺謙一
1965	理系のための論理が伝わる文章術	成清弘和
1966	サッカー上達の科学	村松尚登
1967	世の中の真実がわかる「確率」入門	小林道正
1976	不妊治療を考えたら読む本	浅田義正／河合 蘭
1987	怖いくらい通じるカタカナ英語の法則　ネット対応版	池谷裕二
1999	カラー図解　Excel「超」効率化マニュアル	立山秀利
2005	ランニングをする前に読む本	田中宏暁
2020	「香り」の科学	平山令明
2038	城の科学	萩原さちこ
2042	日本人のための声がよくなる「舌力」のつくり方	篠原さなえ
2055	理系のための「実戦英語力」習得法	志村史夫
2056	新しい1キログラムの測り方	臼田 孝
2060	音律と音階の科学　新装版	小方 厚

ブルーバックス　趣味・実用関係書（III）

ブルーバックス12cmCD-ROM付

ブルーバックス　事典・辞典・図鑑関係書

325 現代数学小事典　寺阪英孝＝編
569 毒物雑学事典　大木幸介
1084 図解　わかる電子回路　加藤　肇／見城尚志／高橋　久
1150 音のなんでも小事典　日本音響学会＝編
1188 金属なんでも小事典　増本　健＝監修　ウォーク＝編著
1439 味のなんでも小事典　日本味と匂学会＝編
1484 単位171の新知識　星田直彦
1614 料理のなんでも小事典　日本調理科学会＝編
1624 コンクリートなんでも小事典　土木学会関西支部＝編　井上　晋　他
1642 新・物理学事典　大槻義彦／大場一郎＝編
1653 理系のための英語「キー構文」46　原田豊太郎
1660 図解　電車のメカニズム　宮本昌幸＝編著
1676 図解　橋の科学　土木学会関西支部＝編　田中輝彦／渡邊英一　他
1761 声のなんでも小事典　和田美代子　米山文明＝監修
1762 完全図解　宇宙手帳　渡辺勝巳／JAXA（宇宙航空研究開発機構）＝協力
2028 元素118の新知識　桜井　弘＝編
2161 なっとくする数学記号　黒木哲徳
2178 数式図鑑　横山明日希